LIRE LE CERVEAU

Du même auteur

Essais

De l'expérience mathématique
Essai sur la philosophie des sciences de Jean Cavaillès
Vrin, 2001

Gödel
Les Belles Lettres, 2004

Hilbert
Les Belles Lettres, 2005

Une histoire de machines, de vampires et de fous
Vrin, 2007

Les Démons de Gödel
Logique et folie
Seuil, « Science ouverte », 2007
et « Points sciences », 2012

Le Bord de l'expérience
Essai de cosmologie
PUF, 2010

Mon zombie et moi
La philosophie comme fiction
Seuil, « L'ordre philosophique », 2010

Ouvrage collectif

Le Concept, le Sujet et la Science
Cavaillès, Canguilhem, Foucault
(avec Pascale Gillot, dir.)
Vrin, 2009

Fictions

La Ville aux deux lumières
MF, 2009

L'Hiver des Feltram
MF, 2009

PIERRE CASSOU-NOGUÈS

LIRE LE CERVEAU

Neuro/science/fiction

ÉDITIONS DU SEUIL
25, bd Romain-Rolland, Paris XIVe

CE LIVRE EST PUBLIÉ
SOUS LA RESPONSABILITÉ ÉDITORIALE DE JEAN-MARC LÉVY-LEBLOND

ISBN 978-2-02-105054-7

www.seuil.com

1

Le projet Eiffel, la préhistoire du BR : 2009-2019[1]

Automne 2009

Notre histoire commence dans un laboratoire de neuropsychologie. Une jeune femme, appelons-la M., pousse la porte en soupirant. Elle prépare une thèse sur les « intentions cachées » et, ces temps-ci, passe le plus clair de ses journées à répéter la même expérience. Il lui faut un sujet et un scanner pour observer le cerveau du sujet. Le scanner a la forme d'un gros cylindre. Une sorte de lit métallique en sort, sur lequel s'allonge le sujet. Entraîné par un petit moteur électrique, le lit s'enfonce dans le cylindre, emportant le sujet. À l'intérieur, celui-ci trouve, placés en face de lui, un écran et deux boutons. L'espace ménagé à l'intérieur du cylindre est extrêmement réduit. Le sujet doit maintenir sa tête, son cerveau, absolument immobiles durant toute la durée de l'expérience.

L'écran s'allume et un premier message annonce par exemple au sujet qu'il devra, au bout de vingt-cinq secondes, additionner deux nombres qu'on lui proposera. Durant ces vingt-cinq secondes, le sujet est occupé à un jeu quelconque, de sorte

1. Je tiens à remercier Marc Pavlopoulos qui a lu une première version de ce texte et m'a permis de l'améliorer sur plusieurs points importants.

qu'il ne pense à rien de particulier. Ce sont deux lignes, une horizontale et une verticale, que le sujet doit déplacer en jouant sur deux boutons pour les faire se croiser au milieu de l'écran et qui s'en écartent aléatoirement. Le jeu a seulement pour objet de focaliser l'attention du sujet. Après vingt-cinq secondes, l'écran devient noir, deux nombres s'affichent que le sujet additionne dans sa tête. Puis on lui montre quatre solutions possibles parmi lesquelles il choisit la bonne de sorte que l'on peut vérifier qu'il a en effet additionné les deux nombres.

Cependant, le message qu'au début de l'expérience M. envoie au sujet, enfermé dans sa machine, lui demande parfois de soustraire les deux nombres qu'on lui proposera, au lieu de les additionner. De la même façon, ensuite, le sujet est occupé pendant vingt-cinq secondes à son jeu, puis deux nombres apparaissent que le sujet soustrait avant de désigner, parmi quatre possibilités, le résultat de sa soustraction.

Le but de l'expérience est de décrypter dans le cerveau du sujet son « intention », additionner ou soustraire. On lui demande ou d'additionner ou de soustraire deux nombres. Il se conforme évidemment à l'ordre qu'on lui donne. Mais peut-on isoler dans son cerveau la trace de cette opération qu'il s'apprête à accomplir, distinguer donc un cerveau qui se prépare à additionner d'un cerveau qui se prépare à soustraire ?

En même temps que le sujet attend pendant vingt-cinq secondes qu'on lui soumette ces deux nombres, qu'il doit tantôt additionner, tantôt soustraire, la machine qui l'entoure fait une sorte de carte des zones actives de son cerveau. Il faut dire que le processus est très bruyant, ce qui est un désagrément qui s'ajoute à l'immobilité et à l'enfermement dans un espace réduit.

M. n'a pas besoin d'observer elle-même les images que prend le scanner du cerveau du sujet. Ces données sont analysées par un ordinateur, soumises à différents algorithmes dans le but de déterminer si le sujet s'apprête à additionner ou à soustraire. Il s'agit de détecter au vu de la carte de son cerveau laquelle de ces opérations le sujet va accomplir. Au départ, l'ordinateur répond en grande partie au hasard, et M. lui indique s'il a tort ou s'il a raison : si ce sujet se prépare, en effet, à additionner ou à soustraire. L'ordinateur mémorise que telle structure d'activité cérébrale correspond à l'addition ou à la soustraction et modifie au fur et à mesure sa stratégie pour obtenir de meilleurs résultats. On dit que l'ordinateur « s'entraîne ». Au bout d'un certain nombre d'essais, une quarantaine, l'ordinateur peut deviner, en observant le cerveau du sujet par l'intermédiaire de ce scanner, si le sujet a l'« intention » d'additionner ou de soustraire. Ou, du moins, il obtient la bonne réponse dans 70 % des cas.

« Intention » est le terme qu'emploie M., qu'elle a repris dans des articles antérieurs relatant des expériences à peu près similaires, mais qui ne s'imposait peut-être pas ici. Il faut remarquer que le sujet ne pense pas lui-même à son « intention » au moment où l'on scanne son cerveau. On lui a annoncé qu'il aurait à additionner ou à soustraire deux nombres. Il l'a enregistré. Mais on l'occupe dans l'intervalle à une tâche qui l'absorbe. De sorte que sans doute si, pendant ce temps où il est enfermé dans la machine, on pouvait lui demander : « À quoi pensez-vous ? » il répondrait : « À rien, je travaillais à recentrer ces lignes qui s'écartent sans cesse. » Ou bien : « Je m'efforçais de maintenir ma tête droite et d'oublier cette sorte de cercueil dans lequel je suis enfermé. »

Bref, le sujet ne pense pas à l'opération qu'il devra effectuer et que l'ordinateur découvre dans son cerveau. Cette intention, additionner ou soustraire, est-elle stockée dans le cerveau parce qu'elle n'est pas dans la conscience ? Le sujet sait quelle opération on lui a demandée et, si cette opération n'est pas dans sa conscience, parmi ce à quoi le sujet pense actuellement, il faut pourtant bien qu'elle soit conservée quelque part. Ce serait dans le cerveau, où le sujet la retrouve lorsque l'écran affiche les deux nombres à additionner ou à soustraire ?

Quoi qu'il en soit, si l'ordinateur peut deviner l'« intention » du sujet, c'est bien que celle-ci est inscrite dans son cerveau – dans 70 % des cas du moins. M. donne plusieurs conférences et un premier article est publié dans une revue scientifique.

Septembre 2012

Malgré le soleil dehors, la pelouse sur laquelle déjeunent encore quelques étudiants et les grands arbres qui entourent les bâtiments, les fenêtres sont hermétiquement fermées. Le léger courant d'air qui traverse le bureau vient de l'air conditionné qui est poussé à fond. Le docteur Smart, George Smart, est assis à son bureau devant l'ordinateur. Ces premiers jours de l'automne l'oppressent, chaque année, sans raison apparente. En ce début d'après-midi, Smart regarde vaguement une revue spécialisée. C'est par hasard qu'il tombe sur l'article de M.

Smart enseigne la psychologie cognitive dans une université du centre des États-Unis. Avant d'obtenir ce poste, qu'il considère comme un provisoire exil, Smart a travaillé, pour sa thèse, sur la côte Est dans un département financé par l'armée américaine. Il voit immédiatement le parti qu'il peut tirer de l'expérience de M. C'est en un éclair, dans une seule intuition, que s'élabore dans son esprit le projet Eiffel.

70 % des réponses données par l'ordinateur dans l'expérience de M. sont correctes. Ce n'est pas beaucoup puisque si l'ordinateur répondait au hasard la moitié des réponses, 50 %, serait correcte. Pourtant, l'ordinateur fait un peu mieux que le hasard et cela suffit. « L'intention » du sujet – Smart reprend sans y penser le terme de M. – s'exprime dans son cerveau, et l'on peut en principe l'en extraire. Pendant vingt-cinq secondes, certes, mais ce n'est qu'un début.

Il faut évidemment modifier quelque peu le dispositif de M. qui reste trop aride, trop mathématique. Smart veut une image plus expressive. Avec la collaboration d'un informaticien, un petit programme est rapidement mis en place. L'écran s'allume sur une photographie de la tour Eiffel dans le ciel bleu. Puis l'un des deux messages suivants apparaît :

« Votre mission : faire sauter la tour Eiffel
en appuyant sur le bouton de droite. »

Ou bien :

« Votre mission : construire une seconde tour
en appuyant sur le bouton de gauche. »

Le sujet passe quarante secondes à recentrer des lignes qui se croisent. Puis la tour Eiffel réapparaît et tantôt le sujet, en appuyant sur l'un des deux boutons, la fait sauter – l'écran montre une explosion, une grosse fumée et la même photo du Champ-de-Mars sans la Tour – tantôt le sujet, en appuyant sur l'autre bouton, fait apparaître une tour jumelle derrière celle que nous connaissons.

Smart embauche des étudiants. Les scanners tournent tout l'automne. On entraîne un ordinateur plus puissant que celui de M. La machine dévore les cerveaux et fait de rapides progrès. Au mois de décembre, Smart ou, plus exactement, son ordinateur peut déterminer, avec 78 % de réussite, si le sujet a l'intention de faire sauter la tour Eiffel ou d'en construire une seconde.

Smart ne prend pas la peine d'écrire un article. Il appelle un de ses collègues, psychologue, qui travaille pour l'armée américaine. Quelques jours plus tard, le chercheur est contacté par un responsable du FBI, un jeune officier : le lieutenant John W. Trams. Curieuse coïncidence : Smart face à Trams. Les deux hommes en rient, au téléphone, et se lieront bientôt d'amitié. En attendant, Trams fait un rapport tout à fait favorable sur les travaux de Smart, qui seront donc financés par le FBI.

La NASA

« Je travaille pour la NASA. Imaginez comme cela nous aiderait à la NASA si nous pouvions scanner votre cerveau pour savoir si vous avez un sens spatial suffisant pour devenir pilote. »[1]

1. P. R. Wolpe, cité par M. B. Crawford, « The Limits of Neuro-Talk », *in* J. J. Giordano et B. Gordijn (dir.), *Scientific and Philosophical Perspectives in Neuroethics*, Cambridge, Cambridge University Press, 2010, p. 367.

Trams n'a pas pour mission de chercher des pilotes mais de traquer les terroristes. Il pourrait pourtant dire à peu près la même chose.

Six années de travail

Smart n'a pas vu le temps passer, ni son ventre s'arrondir, occupé qu'il était, dans un geste indéfiniment répété, à faire sauter la tour Eiffel. Nous retrouvons, à l'automne 2018, un professeur encore jeune mais bien établi, qui cache sa timidité derrière un air bougon. Il dirige le riche laboratoire situé dans les bâtiments neufs à l'extrémité du campus.

Durant ces six années, il y eut bien des allers et venues : des foules d'étudiants, de nouveaux assistants, des scanners plus gros et plus performants, puis – c'était un progrès – plus petits mais toujours aussi performants, et des ordinateurs tout neufs qui ont continué à avaler des cartes du cerveau humain.

Les premières expériences, celles que Smart avait d'abord proposées à Trams, laissaient bien des problèmes ouverts. Le principal, et le premier auquel s'est attaché le savant, concernait l'entraînement de l'ordinateur. Dans l'expérience de M., qu'avait reprise Smart, l'ordinateur devait être entraîné à nouveau pour chaque sujet. Il était impossible d'utiliser les paramètres calculés pour un certain sujet au décryptage des intentions d'un autre sujet. Pour chaque sujet, il fallait donc recommencer à zéro et entraîner à nouveau l'ordinateur en lui soumettant une cinquantaine de tests : en lui indiquant l'intention du sujet et en lui montrant une carte des zones actives de son cerveau que l'ordinateur cherchait à corréler à l'intention du sujet. C'était une limite évidente pour l'application de ces résultats, une limite que l'on interprétait habituellement en affirmant que les cerveaux humains sont tous différents : la même intention ne s'écrit jamais de la même façon dans des cerveaux différents. Cependant, Smart, financé par le FBI, ne pouvait pas se contenter de cette interprétation paresseuse. Il fallait, pour que le programme soit utile au FBI, que l'intention explosive puisse se lire d'un seul coup dans n'importe quel cerveau.

C'est un pas considérable que Smart a franchi au cours de l'année 2016. Par un traitement statistique très habile, il est parvenu en effet à entraîner un ordinateur à reconnaître l'intention – détruire ou reproduire la tour Eiffel – quel que soit le sujet. L'ordinateur, entraîné sur une population d'environ un millier de sujets, pouvait décrypter dans son cerveau l'intention d'un sujet quelconque avec une réussite de plus de 80 %. Il faut souligner l'importance de ce résultat qui permet d'appliquer un programme entraîné sur des sujets individuels à toute une population. Certains collègues de Smart sont restés incrédules, insinuant que le savant falsifiait ses résultats pour obtenir de nouveaux financements.

Ne choisissons pas notre camp, laissons la question ouverte. Le second problème auquel Smart s'est attaqué est celui du délai. C'était encore seulement quarante secondes avant que le sujet ne passe à l'acte que l'ordinateur, dans le fameux rapport de 2016, décelait l'intention du sujet. Il fallait évidemment réussir à décrypter cette intention explosive beaucoup plus tôt. C'est à ce problème que Smart travaille depuis 2016.

Un nouveau départ

Le jeu n'a donc pas beaucoup changé. Il s'agit toujours de la tour Eiffel que le sujet ou bien fait sauter ou bien duplique. L'écran est plus grand, les images plus précises et, surtout, l'ordre de détruire la Tour ou d'en construire une seconde est donné au sujet la veille, dans un entretien avec le professeur Smart ou l'un de ses assistants. On explique au sujet sa mission, on lui présente des photographies de l'édifice, on lui demande de penser à son geste le soir et pendant la nuit, de se représenter l'explosion ou la reproduction de la Tour. Au matin, on scanne son cerveau pendant que le sujet contemple une photographie du Champ-de-Mars dominé par l'orgueilleuse flèche de métal. Le sujet attend le message qui doit apparaître à l'écran, un simple « GO », qui l'invite à appuyer sur la touche correspondant à son intention.

L'ordinateur, entraîné par l'équipe de Smart, réussit à déterminer, dans 88 % des cas, si le sujet s'apprête à faire sauter la tour Eiffel. Smart a fait programmer l'ordinateur pour qu'il sonne en affichant le mot : « Terroriste ».

Et pourtant, en ce début d'année universitaire, tout juste rentré d'une série de conférences en Europe, Smart retrouve le campus et le projet Eiffel avec une sorte de dégoût. Le savant a des problèmes. Des problèmes personnels d'abord. Il ne supporte plus l'atmosphère de ce campus provincial, ses collègues qui sont devenus envieux, ni même le climat, glacial l'hiver. Le projet Eiffel, qui a d'abord absorbé le psychologue, est devenu une source d'ennui. Smart s'est prêté bien des fois au jeu et, à force de passer la soirée à se concentrer sur l'image de la Tour, il lui arrive maintenant d'en rêver. C'est un rêve récurrent. Smart arrive à Paris avec deux énormes valises noires qu'il dépose aux pieds de la Tour durant la nuit, une de chaque côté, pour, quelques instants après, contempler d'une certaine hauteur – peut-être le Sacré-Cœur ou le Trocadéro – l'explosion : ce long enchevêtrement de rails métallique, dressé vers les étoiles, s'enflammer à sa base et s'écrouler brutalement.

Smart sait qu'il doit changer d'air. D'autre part et surtout, il ne réussit pas – ou trop rarement – à lire l'intention du sujet après un délai de vingt-quatre heures. S'il attend le surlendemain, les résultats corrects dépassent à peine la proportion de 50 % et ne sont pas significatifs. Sans doute l'imagerie cérébrale doit-elle encore faire des progrès et une vue plus fine sur le cerveau du sujet permettrait-elle de retrouver son intention. Mais, de l'avis de Smart, la difficulté tient aussi à ce que le sujet, sur un laps de temps plus long, oublie ou, du moins, néglige la mission qu'on lui a confiée : une mission dérisoire puisqu'il ne s'agit finalement que d'appuyer sur un bouton et détruire un édifice purement virtuel. L'intention du sujet se perd alors dans son cerveau.

Le jeu a assez duré. Il faut tenter l'expérience en grandeur nature. Smart explique la situation à son ami du FBI, le capitaine Trams. Pendant que Smart grimpait dans la hiérarchie universitaire, Trams a lui aussi pris du galon. Il est maintenant en mesure d'accepter de lui-même la proposition du psychologue, qui déménage bientôt dans la banlieue de Washington.

L'essai de 2019

L'expérience est gardée secrète, évidemment. Sa réalisation même en dépend. La direction du FBI choisit ses agents les plus fiables : des agents habitués aussi bien à accomplir des missions douteuses qu'à appliquer aveuglément les ordres reçus. Il est inutile ici d'entrer dans les détails de la façon dont ces sortes de barbouzes communiquent avec leurs supérieurs. Pour dire vite, l'agent est convoqué pour un entretien avec un officier. Celui-ci lui explique qu'il a cette fois-ci pour mission de faire sauter un édifice important. C'est rarement la tour Eiffel, les édifices varient – c'est nécessaire à l'expérience – mais le scénario reste le même. L'agent recevra dans le cours des six prochains mois une enveloppe comprenant un billet d'avion pour Paris, Moscou ou ailleurs, et une adresse à laquelle il devra se rendre le soir même de son arrivée pour prendre livraison des explosifs. D'ici là, l'agent doit se préparer à sa mission en étudiant quotidiennement les plans du bâtiment. Il devra également pointer une fois tous les quinze jours dans un certain bureau de la banlieue de Washington. Arrivé au bureau, l'agent est immédiatement envoyé à Smart, qui l'attend pour un test médical de routine. En réalité, comme on s'y attend, Smart lui scanne le cerveau et en donne les images à son insatiable ordinateur qui l'a suivi depuis son campus. Parallèlement, Smart prend aussi quelques vues sur des cerveaux neutres auxquels comparer celui des employés du FBI.

Au bout de deux mois, l'agent est de nouveau convoqué pour un entretien avec le même officier qui lui annonce que sa mission a été annulée. La direction du FBI juge inutile d'expliquer à ses agents le but réel de la mission « Eiffel » : il n'est pas bon de laisser croire que les missions ne sont pas ce qu'elles semblent et que les ordres donnés le sont pour ne pas être suivis. Les agents ont l'habitude du secret. Aucun ne dévoile sa mission même après qu'elle a avorté. Tous les agents inoccupés du FBI sont appelés à Washington pour, sans le savoir, participer à l'expérience de Smart.

Le but, évidemment, est de réussir à cerner dans le cerveau des agents l'intention explosive, l'intention terroriste, l'intention de faire sauter quelque chose, n'importe quoi. Le projet de Smart est ambitieux et représenterait une véritable révolution dans le domaine de la sûreté. Au départ, cependant, le savant n'est pas satisfait, loin de là, par le dispositif mis en place par le FBI : les cerveaux à analyser ne sont pas suffisamment nombreux. Ou plus exactement les cerveaux neutres sont aussi nombreux que le veut Smart. Le FBI est prêt à lui amener n'importe quel fonctionnaire de Washington. Ce sont les cerveaux animés de l'intention explosive qui manquent. Sur son campus, au jeu de la tour Eiffel, Smart et son équipe ont utilisé en sept ans plusieurs milliers de sujets, alors que le FBI ne lui offre qu'une centaine d'agents. Pour pallier ces défauts, Smart scanne plusieurs fois, à intervalles de quinze jours, le cerveau des agents commissionnés, ce qui n'est pas sans risque, comme on le verra. Cependant, non sans surprise, Smart remarque les rapides progrès de l'ordinateur qu'il entraîne. Après quelque six mois, la machine reconnaît les agents que lui envoie le FBI, investis de leur mission, avec un taux de réussite dépassant les 98 %.

L'une des rares erreurs commises par l'ordinateur l'est sur le cerveau de Smart lui-même, où la machine lit l'intention explosive. La machine sonne sur un ton qui semble à Smart sarcastique. Le savant rectifie immédiatement le programme. Puis il réfléchit qu'il a peut-être gardé de ces années à travailler sur le projet « Eiffel » le désir secret de se débarrasser de ce symbole parisien. Cette erreur elle-même est finalement encourageante. Smart rend son rapport au FBI. Il est invité à une réunion avec le directeur général et un représentant de la présidence. Smart explique le principe de son test et les résultats obtenus. Ces gens importants hochent la tête, pensivement. Le système « Smart » sera essayé secrètement dans plusieurs aéroports.

Ce n'est pas difficile. Les scanners sont, en 2019, devenus très maniables par leur taille comme par leur fonctionnement. Une sorte de caméra est simplement installée sur le portillon par où passent les voyageurs avant de monter dans l'avion. La carte, en trois dimensions, qui met en évidence les zones actives du cerveau – presque neurone à neurone – est transmise à un ordinateur qui l'analyse en quelques secondes. Les aéroports de Washington et de New York sont équipés avant les fêtes de fin d'année.

À nouveau, les résultats ne se font pas attendre. Dès la première semaine, dix-huit suspects sont arrêtés. Après vérification, il apparaît que dix-sept sont des agents du FBI en mission. Sur ceux-ci, douze ont été scannés par Smart durant la première phase de l'expérience. Le cas du dix-huitième suspect est mystérieux. L'homme ne reconnaît pas avoir de lien avec le FBI. Il pourrait s'agir d'une erreur de la machine aussi bien que d'un cerveau animé en effet par l'intention explosive ou d'un agent du FBI en mission plus secrète que secrète. L'homme n'avoue rien. Une enquête est lancée. Le suspect est maintenu en détention sous un prétexte quelconque.

Le problème, pour le psychologue comme pour l'institution qui le finance, est de savoir comment le système Smart reconnaît les agents du FBI. Se pourrait-il que cet état s'exprime dans le cerveau et que l'ordinateur ait réussi à isoler la structure correspondante ?

Discussions

Trams se gratte la tête, perplexe, en lisant dans son bureau le rapport qu'on lui a envoyé : si le système Smart a pour seul résultat d'identifier les agents du FBI, beaucoup d'argent et d'énergie auront été dépensés en vain. Mais, tout autant que Smart sa carrière universitaire, Trams a fondé son influence au FBI sur ce projet scientifique, qu'il ne peut plus considérer comme un fantasme scientiste. Il n'est donc pas prêt à renoncer après un premier et, pour l'heure, unique échec. C'est un simple contretemps, un accident dont il s'agit seulement de comprendre le sens. Trams met en place une commission réunissant des psychologues et quelques philosophes, tous habitués à travailler pour l'armée et sur lesquels on peut compter. Smart doit s'expliquer et défendre son système.

La question est bien posée par l'un des philosophes de savoir si l'on peut légitimement arrêter une personne sur la simple indication fournie par le système Smart : simplement parce que l'ordinateur détecte une certaine structure dans le cerveau d'un individu qui peut n'avoir commis aucun crime, n'avoir eu même aucune activité suspecte. Notre philosophe ajoute, en riant un peu, que le système Smart lui rappelle la phrénologie et le temps où l'on cherchait à repérer les caractères et les types de criminels d'après la forme de leur crâne. Il met de l'ironie dans cette question à laquelle il ne veut pas lui-même donner trop d'importance. Smart répond en plaçant son système dans une perspective plus large qui cherche dans le cerveau les corrélats de l'activité mentale et les raisons mêmes de l'action de la personne. Et la différence, martèle-t-il, entre la phrénologie et la neuroscience, c'est que la première est une illusion, une recette de bonne femme, alors que la seconde constitue bien une science, confirmée par l'expérience et entée sur la réalité. Il ne conteste donc pas – remarque le philosophe – qu'elles reposent sur des hypothèses similaires.

Trams intervient à ce moment, certain sans quoi que la discussion entre les deux hommes se perdra dans des méandres métaphysiques. Si le suspect a l'intention de faire sauter la tour Eiffel, on le met à l'ombre avant qu'il ait eu le temps d'agir. Cela va de soi. Trams hausse les épaules. Il est inutile de débattre à l'infini sur ce point. La seule question est de savoir si le système Smart est susceptible ou non de révéler chez le suspect l'intention de faire sauter la tour Eiffel. L'après-midi est, pour Smart, houleuse. Il se bat bec et ongle pour sauver son système et expliquer ces résultats qui, lorsque l'on quitte le laboratoire pour entrer dans la réalité, sont pour le moins ambigus.

Envisagés à tête reposée, les résultats de Smart peuvent être interprétés de différentes façons. Avant tout – le savant est prêt à le reconnaître –, le système ne sera jamais fiable à 100 %. Les cerveaux humains ne sont pas identiques et il est parfaitement possible que tel cerveau entretienne l'intention explosive dans une zone que l'ordinateur ne repérera pas ou utilise la zone habituelle de l'intention explosive pour penser à autre chose. Pour prendre un exemple – continue Smart –, la plupart des gens tiennent leur stylo entre le pouce, l'index et le majeur, ce qui conduit à la formation de cales sur le majeur. Mais certaines personnes s'appuient également sur l'annulaire, ce qui déplace les cales sur ce quatrième doigt. Des phénomènes analogues se produisent dans le cerveau. Aucun système ne détectera donc les cerveaux terroristes avec une absolue certitude. Au stade où nous en sommes, il faut prendre en compte de surcroît les imperfections de l'imagerie cérébrale. Bref, bien que les résultats obtenus en laboratoire soient excellents, le dernier suspect – celui qui ne semble pas appartenir au FBI – pourrait correspondre à une erreur du système.

La question reste de savoir ce que repère la machine lorsqu'elle fonctionne correctement, c'est-à-dire dans la majeure partie des cas. L'ordinateur – rappelle le savant – est programmé pour améliorer sa stratégie au cours de la période d'entraînement, ajuster ses paramètres de façon à rendre correctes les réponses qu'il donnerait à tous les cas qu'on lui a déjà proposés. Si l'on veut, il fait lui-même le travail de déterminer dans quelles zones du cerveau s'inscrit l'intention explosive. Or il n'est pas exclu que les cerveaux qu'on lui a proposés et que l'on supposait être animés de cette intention d'explosion aient partagé une autre particularité avec laquelle l'ordinateur aurait confondu l'intention cherchée : l'appartenance au FBI, si celle-ci se marque dans le cerveau, ou encore le sens du devoir, que possèdent certainement les agents du FBI. Dans l'hypothèse d'un tel quiproquo, il suffirait de présenter à la machine des cerveaux explosifs mais n'appartenant pas au FBI – en embarquant par exemple les gens qui tirent des feux d'artifice pour le 31 décembre – pour corriger le système.

Les visages tournés vers Smart restent perplexes. Personne ne voit bien où il veut en venir. Sa conclusion, enfin, surprend les experts mais, à la réflexion, s'impose. Pour rendre le système parfaitement fiable, il faut le démocratiser, offrir à la machine comme champ d'entraînement la totalité des cerveaux humains, faire en sorte que chaque cerveau soit quotidiennement scanné et interrogé sur ses « intentions ». Trams se rend compte confusément des perspectives qu'ouvre Smart et appuie celui-ci. Le savant obtient gain de cause. C'est l'acte de naissance du BR, le *brain reader*.

2

Expériences et fictions en philosophie

Un colloque à Berlin

C'est lors d'un colloque à Berlin[1] que j'ai d'abord entendu parler de ce dispositif visant à saisir les « intentions » du sujet : additionner ou soustraire deux nombres dans les vingt-cinq prochaines secondes. Les conférences avaient lieu à l'hôpital de la Charité dans une salle jouxtant le musée d'Histoire de la médecine.

J'avais perdu une partie de la matinée à déambuler dans le musée. Je passais rapidement, avec un sentiment de nausée, devant des séries de bocaux enfermant dans un bain de formol toutes sortes d'organes dont les malformations devaient être exemplaires. Peut-être pour les oublier, je m'étais arrêté longuement devant deux yeux. Des yeux de porcelaine suspendus à des crochets de bois par une multitude de cordelettes. Chacune était terminée par un poids de façon à maintenir les yeux en équilibre et tournés l'un et l'autre vers le spectateur. La notice expliquait que les cordelettes qui attachaient les deux globes figuraient exactement les muscles oculaires. En tirant sur les

1. « The Other Side of Cognition », organisé par J. Söffner et S. Flac du Zentrum für Literatur und Kultur Forschung en novembre 2009.

poids, on pouvait reproduire les mouvements naturels des yeux humains et étudier mécaniquement leurs possibles pathologies. L'appareil, cependant, était enfermé dans une vitrine, de sorte que les yeux restaient fixés sur moi.

Lorsque je revins dans la salle de conférence, Ida Momennejad, une étudiante de la Berlin School of Mind and Brain, présentait les résultats de son équipe : un scanner du cerveau du sujet, et l'ordinateur une fois entraîné, réussit à déterminer dans 70 % des cas si le sujet a l'« intention » d'additionner ou de soustraire. J'ai décrit, plus haut, son expérience. Peut-être ce regard mécanique qui m'avait arrêté dans le musée me restait-il en mémoire en écoutant l'exposé. Ce qui m'intriguait, cependant, n'était pas tant l'idée d'observer le cerveau pour deviner quelque chose de la vie intérieure du sujet – ce à quoi il pense, l'image qu'il a devant les yeux – mais plutôt le fait que cette « intention » que repérait l'ordinateur déterminait le comportement du sujet sans figurer de façon explicite dans sa vie intérieure, son expérience momentanée. C'est en cela que le dispositif se distinguait de ceux dont j'avais déjà pu entendre parler : il s'agissait de saisir dans le cerveau la trace d'une « intention » à laquelle le sujet ne pensait pas actuellement et que, en fait, il n'avait jamais lui-même formulée. Dans cette perspective, le terme d'intention est peut-être équivoque.

L'intention

Dans le roman d'Alfred Bester, *The Demolished Man*, le personnage principal, qui prépare un meurtre, mémorise une ritournelle, un de ces airs qui, une fois entendus, ne sortent plus de la tête, que l'on se répète inlassablement et qui finissent même par empêcher de penser à autre chose. Avec ce vieux refrain, Ben Reich espère cacher son meurtre, la décision, les préparatifs d'abord puis le souvenir de l'acte, aux télépathes qu'emploie la police dans ce monde du futur. Dès qu'il croise un télépathe, il fredonne intérieurement sa ritournelle pour masquer dans son propre esprit, aux yeux du télépathe, les éléments qui pourraient le trahir.

L'expérience précédente ne semble-t-elle pas répondre à cette situation de fiction et, par conséquent, partager avec la fiction ses préoccupations ? Comme si les neurosciences montraient qu'un subterfuge tel que celui de Ben Reich, que l'on rencontrerait ailleurs avec des variantes, est inutile : l'« intention » du sujet même occultée dans son esprit reste visible dans son cerveau. Mais pourquoi les neurosciences tentent-elles de telles expériences ? Les savants travaillent-ils avec le souvenir de ces scènes de science-fiction ? Ou sont-ils aussi inspirés, dans leur champ propre, par les mêmes fantasmes – la télépathie entre autres – que les auteurs de science-fiction, de sorte qu'ils retombent sur les mêmes questions ?

*

Lorsque l'on répète un numéro de téléphone dans sa tête pour ne pas l'oublier, je suis tout à fait prêt à accepter que cette pensée possède un corrélat ou s'exprime dans le cerveau, qu'elle a un support physiologique et peut même être reconstituée d'après les traces qu'elle laisse dans le corps du sujet. Ce sont des mots – des chiffres en l'occurrence – que l'on prononce dans sa tête mais que l'on pourrait aussi proférer à mi-voix, dans sa barbe comme on dit, à voix haute ou crier à tue-tête et qui ne changent pas de nature pour cela : des mots restent des mots, visibles ou audibles, et les mots prononcés dans la tête peuvent bien être saisis de l'extérieur. James était persuadé que ce discours que l'on tient sans bruit suppose des mouvements du larynx et s'exprime donc dans l'extériorité d'un corps. Partant de là, Wittgenstein imagine dans une série d'expérience de pensée – notamment dans ses derniers écrits sur la psychologie – que l'on puisse écouter de l'extérieur ce discours intérieur : « Des gens capables de lire à tout moment les monologues silencieux des autres – en observant par exemple leur larynx. »[1]

Mais qu'en est-il d'une « intention » que le sujet ne formule pas pour lui-même et à laquelle il ne pense pas actuellement ? À aucun moment, le sujet ne se dit : « Je vais additionner deux nombres », de la façon dont il répéterait un numéro de téléphone dans sa tête. On lui demande d'additionner deux nombres, le sujet acquiesce et n'y pense plus de façon explicite. Du reste, il faut bien distinguer l'expérience précédente de celles, plus courantes apparemment, qui visent à retrouver dans le cerveau du sujet certains des « contenus » de son expérience intérieure : une image par exemple que le sujet s'efforce de visualiser. Donc les psychologues insistent sur le caractère inactuel, sinon inconscient, de cette « intention ». C'est la fonction du jeu auquel on occupe le sujet durant les vingt-cinq secondes qui précèdent la donnée des deux nombres à additionner ou à soustraire. Il s'agit de faire en sorte que le sujet ne pense pas à l'opération qu'il aura à accomplir. De cette façon, on peut d'abord espérer saisir des « intentions » que le sujet voudrait cacher – faire sauter la tour Eiffel, par exemple. Mais le problème ouvert par cette sorte d'occultation est aussi de savoir si l'on pourrait ainsi saisir une « intention » dont le sujet n'aurait absolument pas conscience, un motif inconscient déterminant son comportement. Ce serait encore le thème de bien des romans de science-fiction.

Cependant, dans cette perspective, où l'on cherche à saisir des éléments auxquels le sujet ne pense pas ou dont il pourrait même n'avoir pas conscience, pourquoi parler spécifiquement d'intention ? Une intention, au sens où on l'entend en général, est quelque chose à quoi l'on pense, que l'on connaît soi-même, que l'on formule. Si j'ai l'« intention » de déjeuner à la pizzeria, c'est que je me suis d'abord demandé où j'allais manger ou que je propose à mes collègues de m'accompagner. Je n'ai pas

1. L. Wittgenstein, *Recherches philosophiques*, trad. fr. F. Dastur *et al.*, Paris, Gallimard, 2004, II, XI, p. 189.

l'« intention » de déjeuner à la pizzeria si je m'y dirige de façon automatique, par habitude, sans y penser ou – imaginons – sous l'effet d'une suggestion hypnotique. Bref, une « intention », au sens usuel, n'est pas enfouie dans mon esprit, cachée en un recoin obscur mais – comment faire autrement ici que d'user de métaphores ? – illuminée par le rayon de la conscience, projetée dans le langage.

Il reste que le dispositif mis en place permet au savant – ou à l'ordinateur qui analyse la carte du cerveau – de déterminer l'opération que le sujet s'apprête à accomplir alors que celui-ci n'y pense pas actuellement. Cette « intention », pour reprendre le terme du savant et de quelque nature soit-elle, est inscrite et lisible, avec 70 % de réussite, dans le cerveau du sujet.

*

Sans doute, s'il était interrogé, le sujet, dans l'expérience précédente, répondrait qu'en effet il s'apprête ou à additionner ou à soustraire, comme on le lui a demandé. Peut-on dire que cette « intention » fait en un sens partie de sa pensée, de son esprit ? Est-elle consciente, inconsciente ou faut-il encore la distinguer de ce qui est conscient et inconscient par un autre terme – subconscient peut-être ? Et quelle importance ces questions ont-elles si l'on sait que cette « intention » est inscrite dans le cerveau du sujet ? Cette localisation de l'« intention » n'est-elle pas suffisante ? Quelles « intentions » aussi parmi celles qui déterminent mon comportement sont-elles inscrites dans mon cerveau et peuvent-elles y être décryptées ? Que reste-t-il de privé dans ma vie si, en plus des paroles que je prononce à haute voix ou dans ma tête, mes « intentions » sont visibles dans mon cerveau ? Et quelle serait notre vie si nous pouvions ainsi lire dans nos cerveaux nos intentions, nos propres intentions et celles des autres ?

Mon but est d'abord de discuter de telles questions, c'est-à-dire d'interroger l'esprit et les oppositions qui le définissent – esprit/

cerveau, intérieur/extérieur, public/privé – en référence à un « lecteur de cerveau », un dispositif imaginaire inspiré par quelques expériences de neuroscience. Ou, plus exactement, c'est le but que je m'étais d'abord fixé : améliorer un peu les résultats obtenus par les savants pour constituer un lecteur cérébral suffisamment perfectionné et me permettant alors de discuter de la nature et du statut de l'esprit. J'ai vendu, si je puis dire, mon lecteur de cerveau au FBI qui me semblait pouvoir s'y intéresser, l'améliorer et amorcer même ensuite son exploitation industrielle. Chacun, ou la plupart d'entre nous, pourrait posséder son lecteur cérébral, comme la plupart d'entre nous dans ce pays possèdent un téléphone portable. Et quelle serait notre vie alors ? Je me suis rendu compte que je ne pensais plus seulement au problème de l'esprit.

Le problème qui m'occupe est aussi de savoir qui nous sommes et dans quelle société nous vivons, nous qui pouvons imaginer des lecteurs de cerveaux. « “Que voulez-vous que j'en fasse [de votre machine à lire les pensées] ? – Qui sait ? Il peut parfois être utile pour un mari de connaître les pensées de sa femme, pour un père de connaître les pensées de ses enfants, pour un professeur celles de ses élèves.”[1] ».

C'est seulement dans un certain contexte, à la fois théorique et social, social en un sens très large, que l'on peut imaginer un lecteur de cerveau. Théorique, parce que, par exemple, il faut penser ou pouvoir penser que ce qui relève de l'esprit s'exprime dans le cerveau. Social, parce que ce n'est pas n'importe quelle société qui – ou, en tout cas, il n'y a pas de raison de penser que n'importe quelle société – peut s'intéresser à un lecteur de cerveau. Finalement, pourquoi vouloir savoir ce que l'autre pense mais ne dit pas ? Pourquoi vouloir le percer, le mettre à jour ?

1. André Maurois, « La machine à lire les pensées », in *Nouvelles extra-terrestres et imaginaires*, Paris, Hermann, 1996, p. 117.

Ignorer la technique

Je n'avais pas pris de notes lors de ce colloque à Berlin, ou très peu. En tout cas, je n'ai pas retrouvé celles concernant l'expérience précédente. Je la retrace, à « l'automne 2009 », uniquement de mémoire. C'était il y a plusieurs mois et je peux me tromper. J'en ignore du moins tous les détails.

Je me souviens que, parmi les différentes techniques d'imagerie cérébrale, les psychologues utilisaient l'imagerie par résonance magnétique fonctionnelle (IRMf en français, fMRI en anglais). La machine, le « scanner », détecte ici les variations de l'oxygénation de l'hémoglobine dans le cerveau du sujet. L'entrée en activité des neurones semble en effet augmenter l'oxygénation de l'hémoglobine dans les vaisseaux qui les irriguent. On peut donc déceler – avec une précision de quelques millimètres – les régions du cerveau qui entrent en activité lors d'une certaine tâche. Plus exactement, il faut mesurer l'activité du cerveau au repos, pour ainsi dire, lorsque le sujet ne pense à rien de spécial, puis la mesurer à nouveau lors de l'accomplissement d'une tâche spécifique et, par une sorte de soustraction, on obtient la carte des régions du cerveau impliquées dans l'accomplissement de telle tâche – ou, en l'occurrence, impliquées dans le stockage de l'« intention » d'additionner ou de soustraire.

Les données obtenues sont en général soumises en outre à différents traitements statistiques qui permettent d'éliminer certains défauts ponctuels ou de comparer entre elles les cartes du cerveau de sujets différents. C'est donc à l'issue d'un processus complexe que sont produites ces belles images en couleur que l'on voit parfois dans les livres, où les zones actives semblent s'éclairer d'une lueur rougeâtre tandis que le reste du cerveau demeure d'un vert froid.

La deuxième étape consiste à entraîner l'ordinateur qui décryptera ces données. On fournit à la machine la carte des zones actives du cerveau, on lui indique l'intention du sujet,

« additionner » ou « soustraire ». Et l'on recommence. La machine a pour tâche de calculer que l'activation de telles ou telles zones et la non-activation de telles ou telles zones indiquent « l'addition », alors que l'activation de telles ou telles zones et la non-activation de telles ou telles zones indiquent « la soustraction ». Il existe pour ce faire différents programmes, plus ou moins rapides : à la limite, la machine pourrait procéder entièrement au hasard pour un certain nombre d'essais, puis conserver, et tenter par la suite d'améliorer encore, les paramètres qui, sur ces premières tentatives, ont donné les meilleurs résultats. Ou encore, si elle était suffisamment puissante ou si le psychologue lui laissait suffisamment de temps, la machine pourrait essayer toutes les combinaisons, toutes les possibilités, et isoler celle qui permet d'établir la meilleure corrélation entre l'activité cérébrale et l'intention du sujet.

On le voit, j'ignore à peu près entièrement les techniques sur lesquelles sont fondées les expériences de nos neurosciences. Et je ne veux pas même en savoir plus. Je retiens que la détermination de l'intention du sujet s'appuie sur une vue de son cerveau – peu importe comment celle-ci est obtenue – et qu'elle est réalisée par un ordinateur dont le psychologue lui-même ne saurait refaire les calculs. Au début de l'expérience, l'ordinateur pourrait répondre au hasard : telle zone active ou telle configuration de zones actives implique une addition. Puis, pour accorder ses réponses aux informations que lui donne le psychologue, il modifie ses paramètres. Mais pourquoi telle modification rend-elle un maximum de réponses correctes et comment l'ordinateur en est-il arrivé à la conclusion que l'intention d'addition – ou l'intention explosive dans le cas de Smart – se marque dans telle configuration cérébrale ? Le psychologue ne saurait pas le dire : il ne peut pas suivre le calcul de l'ordinateur. Il ne le peut pas parce que cela lui prendrait trop de temps, plusieurs vies de longueur moyenne peut-être. C'est donc l'ordinateur qui garde le secret du processus : la clé de ce décryptage des images du cerveau.

Je ne retiens que ces deux points et je pourrais accepter être encore dans l'erreur. Cela n'aurait pas beaucoup d'importance. L'appareil dont on a besoin pour un travail philosophique est imaginaire et prend sa réalité dans la fiction.

Un appareil imaginaire

J'ai soutenu – notamment dans *Mon zombie et moi. La philosophie comme fiction*[1] – que la fiction, la fiction narrative, l'histoire qu'on raconte, détermine le possible tel que l'exige l'analyse philosophique. Est possible une situation, un être, un dispositif mis en place dans une fiction qui emporte l'adhésion. Si j'adhère à l'histoire, si j'en suis le développement, c'est que les éléments qui y figurent sont des possibles. Ils peuvent n'être pas possibles dans le monde que nous connaissons, ni possibles au sens d'un « cela pourrait arriver », ni possibles au regard de la science. Ce sont des possibles de fiction, des possibilités que seule peut-être la fiction, le récit, réussit à manifester comme tels, mais c'est à ces possibles de fiction que la philosophie doit se mesurer. Qu'est-ce que la pensée ? Qu'est-ce que l'esprit ? Pour répondre à ces questions, il ne suffit pas de considérer les conditions actuelles de l'exercice de la pensée. Il faut imaginer ses conditions possibles – soumettre par exemple la pensée humaine à un lecteur cérébral – et c'est la fiction qui détermine ces conditions possibles. Je ne veux pas ici exposer à nouveau les thèses défendues dans un ouvrage précédent mais plutôt les appliquer.

Nos savants pourraient donc – je ne dis pas qu'ils le font – entièrement fausser les résultats de leurs expériences ou inventer de toutes pièces des expériences fantastiques pour éblouir les ignorants que nous sommes. Je pourrais aussi moi-même n'avoir

1. P. Cassou-Noguès, *Mon zombie et moi. La philosophie comme fiction*, Paris, Seuil, « L'ordre philosophique », 2010.

rien retenu de ces expériences ou avoir élaboré à partir d'un souvenir lacunaire le compte rendu que j'en donne. Peu importe que cette histoire, ce compte rendu d'expérience, soit vraie ou non, peu importe qui se l'est d'abord racontée. Je prends ce compte rendu d'expérience comme une fiction. Celle-ci a emporté mon adhésion, c'est qu'elle présente une situation possible – en un certain sens du possible – et que la conception de l'esprit qui la sous-tend n'est pas un non-sens mais doit être interrogée comme l'une des formes en effet que l'esprit peut prendre.

Je me suis convaincu que l'« intention » du sujet pouvait s'exprimer dans son cerveau et y être décodée par un ordinateur. Mon but, maintenant, est d'interroger notre conception de l'esprit en tant qu'un lecteur de cerveau peut s'appliquer au sujet humain et, pour ainsi dire, entrer dans sa tête. Que peut-on imaginer réussir à saisir de l'esprit au moyen d'un lecteur cérébral ? Comment concevoir l'esprit si ses « intentions » ne sont plus privées mais accessibles à autrui ?

Il s'agit donc de développer dans la fiction les dispositifs expérimentaux de nos savants pour déterminer leurs limites et savoir ce qu'il en advient dans ce contexte de l'esprit et, disons, de nos vies.

Les détails

« Pour avoir les idées claires sur des problèmes philosophiques, il est utile de prendre conscience des détails apparemment sans importance des situations précises dans lesquelles nous sommes enclins à faire une assertion métaphysique donnée. »[1] L'idée de Wittgenstein est que les assertions métaphysiques renvoient à certains jeux de langage ou à certaines de formes de vie. Il s'agit en s'appuyant sur les « détails » qui s'associent à nos

1. L. Wittgenstein, *Le Cahier bleu et le Cahier brun*, trad. fr. M. Goldberg et J. Sackur, Paris, Gallimard, 1996, p. 123.

questions métaphysiques de retrouver les jeux de langage qui les sous-tendent mais qu'elles étendent au-delà de leurs limites. Par exemple, nous utilisons, dans la vie, des phrases comme « une machine tourne », « un poisson mange » et « un enfant pense ». Puis, par une extension formelle, nous remplaçons « tourne » ou « mange » par « pense » pour demander si une machine ou un poisson pense. Mais, dans la vie, nous n'avons appris à utiliser le vocabulaire de la pensée qu'à propos des êtres humains ou de ce qui leur ressemble – une poupée à la limite – et qui peut prendre la même attitude, le même visage « pensif ». Par conséquent, lorsque nous demandons si la machine pense, nous tirons le vocabulaire de la pensée hors de son contexte pour aboutir alors à des questions qui n'ont plus de sens et auxquelles nous ne pouvons pas répondre. Nous ne pouvons pas même affirmer qu'une machine ne pense pas comme nous dirions qu'elle ne tourne pas ou qu'un homme, occupé à autre chose, ne pense à rien. Le vocabulaire de la pensée, pour Wittgenstein, ne s'applique pas à la machine dont on ne peut donc dire ni qu'elle pense, ni qu'elle ne pense pas. La seule solution, devant une question comme « la machine pense-t-elle ? », est de retrouver les jeux de langage dans lesquelles s'inscrivent la « machine » et la « pensée », pour en distinguer les champs, et cela en étudiant les circonstances, avec ces « détails sans importance », dans lesquelles nous pouvons parler de « machines » et de « penser ».

C'est dans la même perspective que je veux interroger le « lecteur cérébral » – un dispositif qui lirait dans le cerveau les « intentions » du sujet par exemple – et la conception de l'esprit qui s'y rattache. Un dispositif, comme une question, métaphysique possède un contexte ou, pour reprendre le terme de Wittgenstein, renvoie à une forme de vie, qui ne se réduit pas à une série de postulats mais s'exprime dans certaines attitudes, certaines interactions, certaines structures sociales. Dans quelles circonstances utiliserions-nous un dispositif comme celui que mettra au point le docteur Smart et dans quelles circonstances parlerions-nous alors d'« intentions », ou d'état mental, pour décrire ce que le lecteur décrypte dans le cerveau ? C'est ce que je voudrais examiner. Cela, à nouveau, je ne peux le faire que dans la fiction, en imaginant l'utilisation possible d'un lecteur cérébral. Il me faut mettre en scène l'appareil, l'étudier dans l'environnement qui lui convient et qui n'est pas seulement celui du laboratoire.

« Nous »

Le « nous », dans la phrase de Wittgenstein citée au paragraphe précédent, est évidemment ambigu : « les situations précises dans lesquelles *nous* sommes enclins à faire une assertion métaphysique ». Ce peut être « nous » collectivement, en tant que contemporains, mais, quoique Wittgenstein parle lui-même à la première personne du singulier, ce peut être aussi bien « nous » en tant que philosophe critique, qui écrivons un livre et – ne serait-ce que pour les mettre en question – posons des énoncés, ou imaginons des dispositifs, métaphysiques.

Une question métaphysique, « la machine pense-t-elle ? », a pris finalement un double contexte. Il y a son contexte premier, celui dans lequel la tradition philosophique, ou la science-fiction, ou le sens commun, et nous-mêmes en tant que nous participons à chacun de ces genres, posons la question et cherchons à y répondre. Puis il y a un contexte au second degré, dans lequel en nous inspirant de Wittgenstein mais aussi d'autres attitudes critiques, issues de la psychanalyse par exemple, nous interrogeons la position même de la question. C'est encore une façon de se préoccuper des mêmes thèmes. Ce sont de nouvelles occasions que nous avons de jouer avec les mêmes énoncés – « la machine pense », « la machine ne pense pas ». Ce contexte au second degré ne doit pas être passé sous silence.

Une difficulté, pour une telle analyse issue de Wittgenstein, est que, à partir du moment où nous reconnaissons les questions métaphysiques comme de faux problèmes, issus d'un usage aberrant des jeux de langage usuels, nous ne devrions plus nous y intéresser. Nous devrions avoir compris d'où venaient ces questions, avoir compris qu'il était impossible d'y répondre et, finalement, ne plus nous en occuper. C'est en cela que « la véritable découverte est celle qui me donne la capacité de cesser de philosopher quand je le veux : elle est celle qui apporte la paix à la philosophie [1] ». Or, précisément, ce type d'interrogation n'a jamais amené la paix. Nous continuons à nous préoccuper des mêmes questions avec la même passion. Pourquoi ? C'est seulement en étudiant ce contexte au second degré, cette nouvelle forme de vie dans laquelle la question est prise, que nous pouvons espérer le découvrir. Il faut donc accepter de parler de soi-même et, pour cela, cesser de dire « nous ».

Une double fiction

Il est non seulement illusoire mais, à mes yeux, erroné de vouloir se cacher comme auteur derrière un « nous » qui serait anonyme, désincarné et, de surcroît, se veut le plus souvent omniscient. Le philosophe parle, ou écrit, d'une certaine position avec une fascination pour les problèmes mêmes qu'il voudrait parfois écarter, avec une connaissance de ses objets qui est forcément partielle et, du moins, n'est jamais celle du savant qui les manipule. Dès lors que l'on accorde que les énoncés, les questions et les concepts renvoient à un contexte, alors la position même du philosophe par rapport à ceux-ci forme un contexte au second degré qui contribue à éclairer ces objets et ne doit pas être occulté. Pourquoi le philosophe qui entend montrer le caractère illusoire des problèmes métaphysiques continue-t-il à s'y intéresser ? Pourquoi est-ce que je m'attache à imaginer un lecteur d'intentions alors que je ne crois pas que les

1. L. Wittgenstein, *Recherches philosophiques*, *op. cit.*, I, § 133, p. 89.

« intentions » dont il est question aient une réalité ou n'aient déjà une réalité ? Illusoires ou non, artificiels ou non, ces objets continuent à intriguer et cet intérêt pour des problèmes reconnus illusoires doit être interrogé : elle est un aspect des problèmes métaphysiques que n'explique pas ou que n'explique pas suffisamment une analyse qui se contente de montrer leur caractère illusoire.

Le philosophe doit donc se mettre lui-même en scène. Et, en l'occurrence, Wittgenstein semble se figurer dans certains textes sous les initiales L. W. On objectera peut-être que Ludwig Wittgenstein n'est pas « L. W. », mais c'est justement le second point sur lequel je veux insister. Ce portrait du philosophe par lui-même est, lui aussi, une fiction : une autofiction si l'on veut, un récit dans lequel le philosophe se donne la place principale mais qui peut fort bien n'être pas véridique.

Ce n'est certainement pas dire que le philosophe ne parle que de lui-même. Tout au contraire, cette autofiction de la philosophie vient compléter une autre sorte de fiction, une science-fiction, par laquelle le philosophe parcourt l'éventail des possibles. Il reste que cette science-fiction exige un complément où le philosophe parle de lui-même et de son rapport à ses zombies, bien que sur un mode qui peut n'être pas véridique.

La philosophie ne vise pas la vérité. Le philosophe ne fait que raconter des histoires dont il tire des concepts. Les récits des philosophes sont des fictions et c'est bien en tant que telles qu'ils sont lus. Il n'importe pas que Descartes ait écrit *Les Méditations métaphysiques* en robe de chambre devant le feu, comme se décrit son personnage. Ou, pour reprendre le passage le plus fameux de *L'Être et le Néant*, il n'importe pas que Sartre ait jamais collé l'œil au trou d'une serrure pour observer les gestes des occupants d'une chambre d'hôtel. Ce qui importe, c'est que les concepts du philosophe s'enracinent dans une situation possible. Nous attendons seulement de ce récit qu'il emporte notre adhésion et présente une situation possible dont le philosophe pourra faire sortir ses concepts. Il lui faut travailler dans la fiction, dans une double fiction : une science-fiction où se donnent toutes les versions possibles de ses questions et une autofiction où il réfléchit son rapport au possible.

Un détail sans importance

George Smart est américain. Peu importe qu'il possède ou non la nationalité américaine, qu'il soit né aux États-Unis ou ailleurs et qu'il ait alors gardé un accent étranger. D'où qu'il vienne, je l'ai installé aux États-Unis et forcé à collaborer avec le FBI.

Je me demande si je pourrais reprendre les passages précédents pour faire travailler Smart dans un laboratoire en France, par exemple à Orsay ou à Saint-Denis, quelque part dans la banlieue parisienne. Je connais bien l'endroit. Je n'aurais pas de mal à décrire les immeubles, les pavillons, le RER, les centres commerciaux, etc. Smart confierait ses projets à la DGSE et son lecteur cérébral finirait de la même façon dans les aéroports. Je sais bien que ce scénario serait possible mais il garde, à mes yeux, quelque chose d'artificiel. Smart, dans mon esprit, est bien américain, un Américain par adoption peut-être, mais il est lié au FBI. Pourquoi ?

J'aurais pu faire de Smart – en modifiant quelque peu son nom – un savant soviétique de la grande époque. Le KGB, tel qu'on l'imagine, aurait certainement su utiliser un lecteur cérébral. Mais l'histoire alors aurait pris une autre tournure. Elle aurait eu en réalité plusieurs suites possibles, selon que Smart accepte de travailler avec le KGB ou, effrayé par les projets démoniaques du colonel Tramsovitch, tente de faire passer son invention à l'Ouest. Et ce sont d'autres conclusions que l'on tirerait d'une telle histoire, des conclusions qui se lisent dans de si nombreux romans qu'il est inutile de les expliciter ici.

Smart donc est un homme du monde « libre » qui est en guerre contre le « terrorisme ». Mais ce monde « libre » ne se réduit pas à l'Amérique. Pourquoi alors situer Smart de l'autre côté de l'Atlantique ? La seule raison que je peux invoquer est que l'Amérique est, pour moi, d'abord un pays imaginaire : le pays où, dans la science-fiction, ont émigré ces savants fous, ces savants ambigus qui inventent des machines merveilleuses sans penser à ce qu'ils font. Ils n'étaient pas d'abord américains. Frankenstein est suisse. Les savants de Jules Verne ont toute nationalité. Ceux de Wells sont anglais. Mais, peu à peu, les savants fous sont passés de l'autre côté de l'Atlantique. Cela commence peut-être avec Edison de l'*Ève future*. La réalité se mêle à la fiction. Il y a la bombe atomique de Enrico Fermi et de John von Neumann, la cybernétique de Norbert Wiener et le Dr Strangelove de Stanley Kubrick. Smart, dans mon esprit, devrait être l'un de leurs descendants. C'est là-bas, dans ce pays imaginaire, que les savants ont la possibilité de développer des machines fantastiques et de les sortir de leur laboratoire pour les laisser parcourir, dénaturer et peut-être détruire le monde humain.

Pourtant, je dois le dire, j'hésite encore. Parce que je ne voudrais pas laisser croire que cette histoire soit, dans le réel, particulièrement américaine. Puis, par hasard, je regarde le film d'Hitchcock, *North by Northwest*, *La Mort aux trousses* en français [1]. Et je dois me rendre à l'évidence. C'est bien avec le FBI que travaille Smart.

On connaît le scénario. Thornhill, un publiciste de New York, qui est joué par Cary Grant, est kidnappé par de mystérieux individus. Ceux-ci le prennent pour un certain Kaplan. Thornhill réussit à leur échapper et part à la recherche de ce Kaplan. Il retrouve sa trace, visite sa chambre d'hôtel, mais Kaplan lui échappe toujours. Et c'est après une série de mésaventures qu'un responsable du FBI rattrape Thornhill et lui explique la situation. Kaplan n'a jamais existé. C'est un

1. A. Hitchcock, *North by Northwest*, Metro-Goldwyn-Mayer/Loew's Inc., 1959.

leurre, des chambres d'hôtel retenues mais jamais habitées, des costumes jamais portés envoyés à la teinturerie, un leurre pour attirer l'attention de ces espions russes et les écarter de l'agent américain qui les observe. Seulement Thornhill a pour ainsi dire donné corps à Kaplan. Les Russes sont convaincus qu'ils tiennent Kaplan, dans la personne de Thornhill, et il est trop tard et serait trop dangereux de les détromper. Donc Thornhill restera Kaplan.

Bref, c'est la morale de l'histoire, le FBI a l'art de ménager une place à ce qui n'existe pas pour le rendre ensuite réel. Et c'est bien pour cela qu'il faut lui confier les « intentions » que cherche à lire Smart.

3

L'autocérébroscope

Qu'est-ce que c'est ?

Il s'agit d'un appareil imaginé par Herbert Feigl dans un article de 1958, « Le "mental" et le "physique" »[1]. L'autocérébroscope permettrait à l'utilisateur d'observer son propre cerveau en temps réel, ou avec un léger décalage, cela dans le but d'étudier la relation existant entre les états cérébraux et les états mentaux, accessibles à l'introspection. « L'autocérébroscope doit, pour l'instant, rester une machine de science-fiction (conçue par analogie avec le fluoroscope des docteurs) avec laquelle je pourrais m'assurer des configurations précises de mes courants nerveux corticoïdaux tout en prenant note introspectivement d'autres expériences directes, expériences auditives de la musique, ou mes pensées, émotions, désirs. »[2] De la même façon que le fluoroscope permet au patient de suivre les mouvements de son cœur au cours d'un effort, l'autocérébroscope montrerait à l'écran l'état de mon cerveau, avec ses détails et

1. H. Feigl, « The "Mental" and the "Physical" », article initialement publié dans les *Minnesota Studies in the Philosophy of Science*, en 1958, et repris comme ouvrage à Minneapolis (University of Minnesota Press, 1967) ; trad. fr. sous la direction de B. Andrieu, *Le « Mental » et le « Physique »*, Paris, L'Harmattan, 2002.

2. H. Feigl, *Le « Mental » et le « Physique »*, *op. cit.*, section A, p. 88.

son évolution, pendant que je réfléchis à une démonstration de mathématiques, que j'éprouve une émotion ou que j'écoute de la musique. Feigl, évidemment, ne s'attarde pas sur le mécanisme de l'appareil. Il n'envisage pas non plus réellement ses applications possibles dans la vie. Le seul objet de cette machine de science-fiction est de fixer le rapport entre états mentaux et états cérébraux.

J'écoute de la musique. C'est une certaine expérience accompagnée d'émotion. Cette expérience constitue mon état mental. Mais, d'un autre côté, les sons entrent dans mon oreille et agissent sur mon cerveau. Ils y produisent certains effets que je peux observer au moyen de l'autocérébroscope. La thèse de Feigl, pour la présenter en quelques mots, est que les états cérébraux sont non seulement corrélés aux états mentaux mais que les états cérébraux et les états mentaux représentent une même chose sous deux aspects différents. Ou, plus exactement, en parlant d'états cérébraux, je produis une autre description de cette réalité sur laquelle m'ouvre aussi mon expérience intérieure. Je fais l'expérience directe de mon état mental, j'observe les mouvements de mon cerveau à l'écran, je remarque certaines similitudes : disons, l'activité des neurones concernés est plus forte quand le volume sonore augmente, elle varie en rythme avec la musique écoutée, les zones actives se déplacent – comme des doigts sur le clavier d'un piano – sur la gauche quand les notes deviennent plus aiguës, etc. Je conclus que mon état mental est corrélé à mon état cérébral. Mieux, je peux identifier mon état cérébral à mon état mental, c'est-à-dire considérer mon état cérébral, qui fait l'objet d'une description à partir des données observées à l'autocérébroscope, comme un autre aperçu sur cette réalité dont je fais l'expérience directe : l'épreuve vécue de la musique. Mon état cérébral, tel que je le décris, désigne la même réalité qui m'apparaît sous la forme d'un état mental, comme la molécule H_2O, telle qu'on la décrit en physique, renvoie à la réalité dont je fais l'expérience directe en regardant la mer. Quoi qu'il en soit de cette dernière comparaison, le but de Feigl, avec son autocérébroscope, est de justifier la « théorie de l'identité » entre états mentaux et états cérébraux : « La confirmation la plus directe concevable [pour la théorie de l'identité] passerait par l'autocérébroscope. Nous pouvons imaginer un "autocérébroscopiste accompli" qui tout en prêtant attention à, par exemple, son sentiment croissant de colère (ou d'amour, de haine, de honte, d'exultation, ou son expérience de la musique, etc.) observerait dans le même temps une image magnifiée de ses propres courants cérébraux sur un écran. [...] Il verrait qu'un *crescendo* – dans sa colère comme dans la mélodie qu'il écoute – correspond à un *crescendo* dans les processus cérébraux qui y sont corrélés. »[1]

C'est un étrange fondement pour la théorie de l'identité que de lui chercher une confirmation empirique au moyen d'un appareil qui relève de la science-fiction. Par ailleurs, et comme Feigl le souligne autre part, cette justification, en acceptant l'existence et l'usage possible d'un autocérébroscope, ne serait que partielle. L'autocérébroscope permettrait sans doute de vérifier la corrélation entre états mentaux et états cérébraux. Il permettrait de vérifier que les états mentaux se modifient de façon semblable aux états cérébraux ou qu'au même état mental correspond le même état cérébral et inversement. Cela écarterait empiriquement les métaphysiques « dualistes » qui postulent l'existence d'états mentaux – des « vécus », des expériences intérieures – sans corrélats dans le cerveau ou admettent que les états cérébraux peuvent sous l'influence de l'esprit avoir une évolution que n'autoriseraient pas les seules lois physiques[2]. Mais cela ne suffirait pas à justifier la théorie de l'identité. Celle-ci, en effet, ne semble pas pouvoir être distinguée empiriquement d'un « parallélisme » qui postulerait que les états mentaux et les

1. *Ibid.*, section V. E., p. 177-178.

2. Pour reprendre l'image de Feigl, l'esprit serait alors par rapport au cerveau comme un enfant penché au-dessus d'une table de billard et modifiant de sa main le mouvement des boules.

états cérébraux se développent parallèlement, un peu comme les mouvements de deux horloges synchrones. La théorie de Feigl et ce parallélisme supposent l'un comme l'autre une corrélation entre états mentaux et états cérébraux. Comment savoir ensuite si les états mentaux et les états cérébraux représentent une seule et même chose sous deux aspects ou deux choses différentes évoluant de façon concomitante ? L'idée de Feigl est néanmoins que sa théorie sera la plus naturelle pour celui qui aura utilisé un autocérébroscope.

Les enfants autocérébroscopistes

Imaginons que l'usage des autocérébroscopes s'est développé. Les appareils eux-mêmes ont été perfectionnés. On peut maintenant parfaitement distinguer l'état de son cerveau. La corrélation entre états cérébraux et états mentaux est bien établie. On développe donc un système de dénomination simple et précis pour les états cérébraux et l'on prend l'habitude d'utiliser ces dénominations pour les états mentaux correspondants. On apprend aux enfants cette nouvelle façon de parler : « [...] illustrer ceci par de la science-fiction [...] Supposons en outre que nous puissions apprendre aux enfants le vocabulaire des états cérébraux. Si cela exige de *n*-uplets de nombres, alors des expressions simples comme "17-9-6-53-12" (ou même des abréviations) pourraient être inculquées à l'enfant. Si nous prenions soin que ces expressions remplacent toutes les dénominations introspectives pour les états mentaux, l'enfant apprendrait immédiatement à parler de ses propres états mentaux dans le langage de la neurophysiologie. Bien entendu, l'enfant n'en saurait rien au départ, il utiliserait l'expression par exemple "17-9-6-53-12" comme nous le faisons de "tendu, impatient, anxieux et, pourtant, désireux de me hâter". Cependant, ayant acquis ce vocabulaire, l'enfant en grandissant, devenant un scientifique, n'aurait aucun mal à rendre cette terminologie cohérente avec, à l'intégrer dans, le système conceptuel de la neurophysiologie et, finalement, peut-être même dans celui de la physique théorique. »[1]

Cette expérience de pensée pourrait-elle être racontée comme une histoire de science-fiction qui emporte l'adhésion, tel un roman d'Ursula Le Guin par exemple qui retracerait la façon dont, avec l'usage de l'autocérébroscope, se transforment le langage et les mœurs d'une génération à l'autre ou qui décrirait comment les adultes continuent d'utiliser un vocabulaire mixte – de la même façon que l'on peut continuer de compter en francs ou en anciens francs en même temps qu'en euros – alors que les enfants, les adolescents qui deviennent bientôt de jeunes adultes ont entièrement abandonné la terminologie ancienne, « triste », « gai », « amoureux », au profit de la référence aux états cérébraux qui leur correspondent ? C'est à condition de pouvoir être développée en une telle histoire que l'expérience de pensée de Feigl prendrait une légitimité et montrerait que, en effet, on peut remplacer le vocabulaire que nous connaissons par celui des états cérébraux. C'est – je le répète – la fiction qui détermine le possible. C'est en tant qu'elle est susceptible d'être développée en une fiction qui emporte l'adhésion que l'expérience de Feigl présente une situation possible.

Celle-ci, dans la perspective de Feigl, rendrait quasi naturelle la thèse de l'identité entre états mentaux et états cérébraux. Nous, qui ne disposons pas d'un autocérébroscope, ne pouvons pas nous empêcher de penser que l'écran affiche un état de notre cerveau alors que le mal de dents est une expérience, un vécu : autre chose qu'un état du cerveau, même s'il est peut-être corrélé à un état du cerveau. Imaginons alors – propose Feigl – des enfants élevés au milieu des autocérébroscopes et habitués à user le vocabulaire des états cérébraux pour distinguer leurs états mentaux, ils n'auront aucun mal à identifier leurs états mentaux à leurs états cérébraux : à considérer l'état mental – le sentiment ou le mal de dents tel qu'il est éprouvé – comme un autre

1. *Ibid.*, section VI. B., p. 193.

aspect de la chose que désigne également la description de l'état cérébral.

Une scène en régime cérébroscopique

Il fait encore nuit dehors. La mère entre dans la chambre aux volets fermés. Elle se penche au-dessus du lit.

– C'est l'heure de se lever.

L'enfant ouvre un œil et regarde autour de lui. Il semble réfléchir un instant.

– J'ai mal aux dents. Je ne veux pas aller à l'école.

La mère soupire et sort de l'étui le cérébroscope qu'elle dirige vers la tête de son fils pendant quelques secondes. Puis l'appareil émet un « bip », la mère l'approche de ses yeux.

– Faim, légère fatigue et tu attends les vacances avec impatience ! Aucune trace de ton mal de dents. Allez debout.

*

Les parents cérébroscopistes peuvent-ils être certains que leurs enfants ont ou non mal aux dents ? Les comédies auxquelles se livraient les enfants le jour des dictées, mal au ventre, mal à la tête, mal aux dents, appartiennent-elles au passé ? L'usage du cérébroscope (que, en dehors de la philosophie, l'on n'applique pas seulement à soi-même) les a-t-il rendues inutiles ?

Mettons-nous dans le cadre que décrit Feigl : une parfaite connaissance des états cérébraux et une corrélation bien établie entre états cérébraux et états mentaux, de sorte que les mots désignant les uns peuvent être utilisés pour désigner les autres. À la différence de la situation esquissée par Feigl, où les chiffres codant les états cérébraux en viennent à désigner des états mentaux, imaginons, pour plus de simplicité, que les dénominations utilisées pour les états mentaux ont été étendues aux états cérébraux tels que les révèle le cérébroscope. Cela ne semble d'abord rien changer à l'affaire, du moment qu'états cérébraux et états mentaux sont, comme le veut Feigl, identifiés par la même dénomination.

Comment déterminer si l'enfant a ou n'a pas mal aux dents ? Prenons un cérébroscope tout neuf, que l'on teste sur soi-même pour vérifier qu'il fonctionne. Puis observons l'état cérébral de l'enfant. Le cérébroscope ne découvre aucune trace de douleur. Mais l'enfant ne pourrait-il pas avoir mal malgré tout ? Il arrive d'avoir mal aux dents sans que le dentiste en découvre la cause. Nous nous trouvons une explication vague, « c'est les nerfs », mais nous pouvons maintenir, et le dentiste l'accepte, que, bien que sans cause apparente, nous souffrons. Le sujet est le seul à même de savoir s'il souffre. C'est ce qui définit pour nous le concept d'état mental : la douleur et, en général, la pensée, le « mental » relèvent d'une expérience privée, intérieure, et s'ils peuvent parfois être devinés de l'extérieur il faut encore que le sujet confirme l'hypothèse de l'observateur. « Même si nous pouvions *souvent* deviner les pensées d'un homme, et si nous disions que nous les connaissons, le seul critère qu'il pourrait y avoir à ce sujet, ce serait qu'il confirmât nos conjectures. Sauf à altérer entièrement le concept de “pensée”. »[1] Or c'est précisément ce que réalise la diffusion du cérébroscope : transformer les concepts de « pensée », de « douleur », d'« état mental ».

Un autre concept de la douleur

« Si, comme je l'ai imaginé, les hommes pouvaient effectivement voir fonctionner le système nerveux d'autrui et régler là-dessus leurs rapports avec les autres, alors ils n'auraient pas du tout le même concept de douleur que nous, c'est du moins ce que je crois ; peut-être cependant auraient-ils un concept

1. L. Wittgenstein, *L'Intérieur et l'Extérieur*, trad. fr. G. Granel, Mauzevin, TER, 2000, p. 65.

apparenté au nôtre. Leur vie *aurait un aspect totalement autre que la nôtre.* »[1] Il faut ici suivre Wittgenstein. L'usage d'un cérébroscope, conçu d'après celui qu'introduit Feigl, modifierait notre concept de douleur. Imaginons.

Est mis en vente un appareil révolutionnaire dont on nous dit qu'analysant l'état cérébral il décèle la plupart des états mentaux, la douleur, les émotions, etc.[2] L'appareil a été testé en laboratoire, insiste la notice, et il semble en effet fonctionner dans les situations courantes de la vie. Au départ, sans doute, nous l'utilisons avec précaution. Dans les premiers temps, si mon fils me dit qu'il a mal aux dents, je l'emmène chez le dentiste quel que soit le diagnostic de l'appareil. Le dentiste lui-même possède un cérébroscope dans lequel, comme homme de science, il a parfaitement confiance. Il commence par mesurer par ce moyen la douleur de l'enfant. Et, en effet, si l'appareil indique une douleur, le dentiste découvre une carie. Dans le cas contraire, le dentiste examine rapidement la bouche de l'enfant sans rien constater d'anormal. Je sais bien que cela ne signifie pas forcément que mon fils n'a pas de carie. Mais nous rentrons à la maison, mon fils et moi, bredouilles : nous avons passé l'après-midi chez le dentiste pour rien.

Moi-même j'ai l'impression d'avoir mal aux dents. Je le vérifie au moyen du cérébroscope. Je sais que, si le cérébroscope n'indique aucune douleur, il est inutile d'aller chez le dentiste. Ce n'est rien. Ce n'est pas même une douleur. Parce que, au fur et à mesure que nous nous habituons à l'usage du cérébroscope, nous en venons à désigner comme « douleur » ce qui se marque sur l'appareil, et rien d'autre. La douleur devient un phénomène

1. *Ibid.*, p. 57.

2. Concernant les résultats actuels quant à la possibilité de reconnaître la douleur du sujet dans son cerveau, cf. par exemple V. G. Hardcastle, C. M. Stewart, « fMRI : A Modern Cerebroscope ? The Case of Pain », *in* J. Bickle (dir.), *The Oxford Handbook of Philosophy and Neuroscience*, Oxford, Oxford University Press, 2009, p. 179-199.

comme celui de la fièvre, qui se mesure et pour lequel l'impression subjective est sans valeur : nous avons de la fièvre lorsque le thermomètre indique une température supérieure à 37,5 °C.

Il n'est pas même nécessaire, pour que se transforme ainsi le concept de douleur, que les cérébroscopes fonctionnent réellement et, par observation du cerveau, indiquent de façon systématique la douleur que nous ressentons, en l'ancien sens du mot « douleur ». Il suffit que nous soyons convaincus de leur bon fonctionnement. Il suffit que nous agissions comme si la douleur se mesurait et qu'une forme de vie cohérente soit possible de la sorte. Il y aurait incohérence si, par exemple, le médecin repérait une maladie qu'il reconnaîtrait « douloureuse » sans que le cérébroscope ne décèle cette douleur. Il faut donc que les médecins acceptent et se conforment à cette méthode de diagnostic. D'un médecin qui ne procède pas ainsi et ignore le cérébroscope, nous convenons que c'est un charlatan.

Pouvons-nous accepter que le patient ne souffre pas lorsque le cérébroscope ne repère pas de douleur dans son cerveau ? Mais la question ne se pose plus dès lors que le concept de douleur s'est modifié. Elle ne peut plus se formuler parce que la douleur est maintenant, par définition, ce que mesure le cérébroscope. C'est seulement un étranger, quelqu'un qui ne posséderait pas nos usages ou en serait resté à l'ancien usage, qui pourrait poser la question, alors que le cérébroscope indique un état d'ataraxie : « Tu es sûr que tu n'as pas mal ? » Et nous hausserions les épaules, comme devant un enfant qui prétendrait avoir la jambe cassée alors que la radiographie montre un os intact. Cela ne signifie pas forcément que nous ne souffririons pas dans l'ancien sens de la douleur mais seulement que cette douleur est devenue un « rien », quelque chose qui ne se dénomme pas et n'a donc pas de place dans notre monde commun.

Au pire, si les cérébroscopes restent approximatifs, nous inventons des formules détournées pour prendre en compte cette impression de souffrir que le cérébroscope dément et nous n'y prêtons pas d'abord beaucoup d'importance : inutile de consulter un médecin pour ce genre de choses. Ensuite, si elle se répète, nous considérons cette impression de douleur qui échappe au cérébroscope comme une forme de folie, analogue à ces complots qu'imaginent les paranoïaques. Nous disons que le patient imagine souffrir. Nous accordons qu'il est très désagréable et gênant d'imaginer souffrir, comme il est très désagréable et gênant d'imaginer que le monde complote contre soi. Nous essayons chacun d'ignorer nos douleurs apparentes comme nous essayons d'abord d'ignorer les complots que nous pressentons se tramer contre nous et, lorsque nous ne le pouvons plus, nous consultons un psychiatre.

De telles attitudes sont peut-être nécessaires à propos de la douleur qui s'oublie difficilement mais qu'en serait-il de ces impressions moins définies que sont la tristesse, le sentiment amoureux ? Il faut, il me semble, les imaginer réduites, sans reste, à des données cérébroscopiques.

*

Feigl entend faire du cérébroscope – de l'autocérébroscope en tant qu'on l'applique d'abord à soi-même – un instrument d'introspection. La corrélation entre états mentaux et états cérébraux vaut, selon Feigl, pour toute impression subjective. Une impression subjective, un vécu donné en première personne, se corrèle à un état cérébral qu'est susceptible de déceler un autocérébroscope. Celui-ci, saisissant parfaitement l'état cérébral et le distinguant de tout autre, se révèle seulement plus précis que l'introspection. Dans cette corrélation entre états mentaux et états cérébraux, l'introspection devient une méthode grossière d'observation neurologique et le cérébroscope une méthode plus poussée d'observation psychologique : « Le changement [qu'introduirait l'usage de l'autocérébroscope] peut être considéré essentiellement comme un énorme enrichissement, plutôt qu'un glissement radical ou le “dépassement de barrières ontologiques”. En d'autres termes, l'introspection peut être vue comme une approche du savoir neurophysiologique, bien que par elle-même elle ne fournisse que des informations extrêmement grossières et approximatives sur les processus cérébraux. »[1]

Feigl voit dans l'usage de l'autocérébroscope un enrichissement de la psychologie commune. La simple impatience de l'enfant, qui se rend à une fête d'anniversaire, devient, pour reprendre l'expérience de pensée citée plus haut, « 17-9-6-53-12 », c'est-à-dire « tendu, impatient, anxieux et, pourtant, désireux de me hâter ». La thèse, que je tire du texte de Wittgenstein et qu'il me faudrait défendre dans la fiction en « racontant » l'introduction des cérébroscopes, est que, plus qu'à un tel enrichissement, l'usage de l'appareil conduirait à une modification radicale du concept d'« état mental » et de toutes ses spécifications, douleur, pensée, émotion. Ce serait, en réalité, la disparition du concept d'impression subjective, de contenu mental tel que nous le connaissons.

Difficultés à imaginer un autocérébroscope (I) : la définition de l'état mental

La justification de la thèse discutée plus haut et empruntée à Wittgenstein passerait par la fiction. Il s'agirait d'imaginer dans une fiction l'invention du cérébroscope, la généralisation de son usage et les modifications que ce nouveau dispositif introduirait dans notre vie. Il me semble qu'un tel appareil transformerait notre vie, nos comportements et nos concepts. Mais il resterait à véritablement l'établir en racontant une histoire qui suive dans ses différentes conséquences la diffusion du cérébroscope.

Il me faut, cependant, préciser un point. Je ne crois pas que le cérébroscope ou l'autocérébroscope de cette fiction serait celui que décrit Feigl. En essayant d'imaginer rapidement son usage dans le paragraphe précédent, j'ai déjà, par le seul fait de

1. H. Feigl, *Le « Mental » et le « Physique »*, *op. cit.*, section VI. B., p. 194.

m'efforcer de le mettre en scène, modifié l'appareil de Feigl. C'était inévitable. L'autocérébroscope tel que le décrit Feigl n'est pas susceptible de faire l'objet d'une fiction, c'est-à-dire d'une histoire que l'on pourrait raconter. Autrement dit, la description de Feigl est sans objet. Sa machine ne se laisse pas imaginer et, s'il est possible de conduire une expérience de pensée où se modifie ainsi le concept de « mental », le lecteur cérébral, l'appareil qui doit capturer et transformer le mental, doit être autrement défini et constitué.

L'autocérébroscope tel que l'introduit Feigl montre un état cérébral que l'utilisateur peut corréler à son état mental, à un « vécu » en première personne, découvert par introspection. Dans un passage cité plus haut, Feigl présente l'autocérébroscopiste écoutant de la musique et observant sur l'écran les variations de son état cérébral parallèlement à celles de son expérience propre. L'autocérébroscopiste semble déceler un mouvement sur l'écran qui épouse le rythme et suit l'intensité des sons qu'il écoute. Cependant, ce cerveau qui apparaît à l'écran n'est pas celui de quelqu'un qui écoute simplement de la musique mais celui de quelqu'un qui écoute de la musique et observe en même temps le mécanisme de son cerveau. Si l'autocérébroscopiste corrèle les états cérébraux que lui montre l'appareil à ses perceptions musicales, il commet une erreur. Comment alors peut-il isoler l'état mental correspondant à cette expérience de la musique pour le corréler à un état cérébral ?

Évidemment, on peut toujours introduire un décalage temporel dans l'autocérébroscope. Admettons donc que l'autocérébroscope montre l'état cérébral de l'utilisateur avec quelques minutes de retard. Je m'installe donc dans un canapé confortable, j'écoute de la musique pendant que l'autocérébroscope analyse mon cerveau et, une fois le morceau terminé, j'observe sur l'écran les variations de mon état cérébral que je corrèle à mon expérience musicale. La difficulté est-elle résolue ? Suis-je certain de n'avoir pensé à rien d'autre pendant ces quelques minutes ? Suis-je certain que ce morceau a totalement absorbé mon attention et qu'à aucun moment je n'ai songé à l'autocérébroscope et, avec impatience, aux variations de mon état cérébral tel que j'allais bientôt l'observer ? La difficulté n'est pas seulement que l'on pense à plusieurs choses à la fois.

À quoi pensé-je en ce moment ? Je pense avant tout au problème de l'autocérébroscope. J'ai sous l'œil de l'imagination l'autocérébrosciste écoutant de la musique. Mais, par exemple, mon rendez-vous chez le dentiste, en début d'après-midi, est-ce que j'y pense ou non ? Il m'inquiète un peu et je me demande ce que le dentiste – qui, dans cette vie, ne possède pas de cérébroscope – va découvrir dans cette douleur vague que je ressentais hier soir sous une molaire. Par ailleurs, ce rendez-vous ne me laisse que peu de temps pour travailler. Je regarde l'heure plus fréquemment que de coutume. La perspective de ce rendez-vous me semble donc rester toujours dans un coin de mon esprit. Mais puis-je dire que j'y pensais avant de m'interroger sur sa présence actuelle ? Appartenait-elle à mon expérience, à mon état mental ?

Il n'est pas facile de faire l'inventaire de ce que nous avons dans la tête. Ce n'est pas seulement que nous y avons une multitude de choses, c'est qu'il n'est nullement clair que l'ensemble de ce que nous y avons soit bien défini et que nous puissions dire sans arbitraire si telle idée y est ou non. Le terme d'état mental est trompeur parce qu'il semble d'emblée attribuer à l'esprit un état bien défini, comparable, et qui pourrait se corréler, à l'état physique d'une machine ou d'un cerveau. Le cerveau est un système de neurones reliés par des axones parcourus de courants électriques. À chaque instant – si l'on reste dans la physique classique qui convient aux macro-objets –, il admet une description mathématique exacte. Ce n'est pas le cas de l'expérience intérieure qui doit lui être corrélée.

Pourtant, cette non-définition de notre état mental, de notre expérience en première personne, n'interdit pas à elle seule d'imaginer un autocérébroscope. Parce que, sans doute, je peux imaginer posséder un état mental bien défini. Il s'agirait simplement de décrire une vie dans laquelle je n'aurais jamais en tête que quelques idées bien nettes ou d'inventer une forme de société où, chacun, nous saurions exactement ce que nous avons dans la tête. Nous ressemblerions peut-être à des machines pensantes, mais cela ne changerait rien à l'affaire. Des cérébroscopes seraient alors introduits et il resterait à analyser notre forme de vie dans ce régime cérébroscopique. Cette fiction montrerait que sa non-définition n'est pas une propriété essentielle de l'esprit et que celui-ci se laisse virtuellement corréler au cerveau. Laissons pour le moment la question ouverte et concluons seulement que l'introduction de l'autocérébroscope dépend de certaines hypothèses sur l'esprit que Feigl ne justifie pas.

Difficultés à imaginer un autocérébroscope (II) : l'état cérébral

L'autocérébroscope doit montrer un état cérébral que l'utilisateur pourra corréler à son état mental, à son vécu. Une première difficulté concerne le caractère mal défini de l'expérience intérieure telle que la révèle l'introspection, caractère mal défini qui semble interdire de corréler notre expérience intérieure, dans sa vague totalité, à un état cérébral. Mais on pourrait vouloir utiliser l'autocérébroscope de façon ponctuelle pour associer alors un vécu, une impression définie, le mal de dents, à certaines propriétés de l'état cérébral ou pour lire dans le cerveau la trace d'impressions définies, comme le mal de dents ou le sentiment amoureux. Cet usage de l'autocérébroscope, cette corrélation locale, suffirait sans doute à engendrer la transformation de nos concepts qu'évoque Wittgenstein. Un autocérébroscope permet-il donc de corréler la douleur que je ressens ou le sentiment amoureux à certaines propriétés de mon état cérébral, l'activation de telles zones de mon cerveau ?

Au regard des neurosciences contemporaines, le dispositif de Feigl qui date des années 1950 comporte une importante simplification. En effet, le cerveau, tel que le montrent les techniques d'imagerie actuelles, comporte une complexité si importante que le sujet lui-même ne peut pas en général interpréter l'image obtenue. Il faut soumettre les données brutes à des traitements statistiques, qui repèrent et éliminent des défauts ne tenant qu'à la technique d'imagerie, et utiliser un ordinateur, une puissance de calcul bien supérieure à la nôtre, pour analyser la répartition des zones actives. On entraîne l'ordinateur. Le sujet est amoureux, on l'indique à l'ordinateur en même temps qu'on lui donne la carte de son cerveau. On recommence avec une multitude de sujets et l'on attend que l'ordinateur, ajustant ses paramètres, découvre une certaine structure de l'activité cérébrale qui corresponde au sentiment amoureux et lui permette de prédire, en examinant un cerveau, si celui-ci est amoureux. Le savant lui-même, avec ses capacités d'observation et de calcul tout humaines, n'aurait pas pu définir cette trace cérébrale du sentiment amoureux et, celle-ci une fois isolée par l'ordinateur, le savant pourrait encore ne pas être capable de la reconnaître sur l'image d'un cerveau.

Un autocérébroscope passerait donc par la médiation d'un programme qui repère, sans que l'utilisateur sache tout à fait selon quels critères, la trace cérébrale de nos impressions subjectives. Pour prolonger l'exemple de Feigl, l'autocérébroscope ne montrera pas un état cérébral que l'utilisateur pourrait reconnaître comme l'état « 17-9-6-53-12 » et traduire par « tendu, impatient, anxieux et, pourtant, désireux de me hâter ». L'utilisateur n'aura pas la capacité de distinguer de façon précise ses états cérébraux, ni celle d'établir la corrélation au sentiment qu'il ressent. L'autocérébroscope affichera « tendu, impatient, anxieux et, pourtant, désireux de me hâter » et cela après une analyse de son cerveau que l'utilisateur ne pourra pas même reconstruire. C'est ainsi que Marvin Minsky réactualise l'autocérébroscope de Feigl mais en lui ajoutant un « personnaliseur sémantique » : « Dans quelque vingt ou cinquante ans, vous pourrez mettre votre tête dans un casque qui vous montrera ce que fait chacun de vos neurones. C'est l'autocérébroscope. [...] Bien sûr, si cette image présente trop de détails, vous ne pourrez pas en faire grand-chose. Un tel instrument ne sera pas bien utile, à moins que nous l'équipions aussi d'un personnaliseur sémantique [*semantic personalizer*], qui traduise ces données dans une forme adaptée à vos propres représentations internes. Pour la première fois, alors, nous serons capables d'une véritable introspection. Pour la première fois, nous serons vraiment conscients. »[1]

Couplé à ce « personnaliseur sémantique », ce programme qui décèle dans le cerveau de l'utilisateur des configurations qu'il interprète en termes d'impressions subjectives, douleurs, émotions, etc., l'autocérébroscope semble changer de nature. Du moins, c'est maintenant un appareil dont le mécanisme reste mystérieux : comment, pourquoi la machine lit-elle dans mon cerveau que je suis « triste » ou « amoureux » ou que j'ai « mal aux dents » ? Peut-elle se tromper ? Le personnaliseur sémantique, pour reprendre l'expression de Marvin Minsky, introduit une médiation supplémentaire dans l'appareil de Feigl et une opacité dont il était dépourvu.

Difficultés à imaginer un autocérébroscope (III) : un appareil transparent

C'est la principale difficulté qui nous interdit d'imaginer l'autocérébroscope de Feigl. L'appareil, tel que le décrit Feigl, est transparent. On sait d'emblée quelle est sa fonction : il montre un état cérébral qui doit être corrélé à un état mental.

On peut sans doute imaginer que notre expérience intérieure est bien définie. On peut certainement imaginer que notre cerveau

1. M. Minsky, « Consciousness is a Big Suitcase » (entretien), *in* J. Brockman, *The Third Culture*, New York, Simon, 1989, chap. 8 ; edge.org/documents/thirdculture/p-Ch.8.html, consulté en février 2011.

possède une complexité moindre, de telle sorte que nous puissions distinguer nous-mêmes nos états cérébraux et les numéroter. Si ce n'est pas le cas dans la vie, où l'autocérébroscope devrait être associé à un « personnaliseur sémantique », pour reprendre l'expression de M. Minsky, on peut imaginer pouvoir se passer de cette médiation. En revanche, on ne peut pas imaginer un appareil transparent.

Accordons ces deux hypothèses qui, dans le texte de Feigl, rendent possible l'autocérébroscope – le caractère bien défini de l'état mental et la faible complexité des états cérébraux – et imaginons. Je peux être un savant et l'avoir moi-même fabriqué dans mon laboratoire : je possède un autocérébroscope qui affiche des états cérébraux que je vais chercher à corréler à des états mentaux. Mon but est peut-être, comme le veut Feigl, de parvenir à une meilleure connaissance de mes états mentaux et des déterminations psychologiques qui régissent mon comportement. Savoir pour sûr si je suis amoureux, déterminer ce qui modifie mon humeur ou vérifier si je souffre réellement quand je ressens une vague gêne, etc. Je peux parvenir à identifier des structures cérébrales concomitantes à certains vécus. Mais il restera toujours une incertitude quant à ces corrélations. Parce que – en omettant même la médiation du « personnaliseur sémantique » – je peux moi-même me méprendre sur les termes corrélés : la configuration cérébrale que j'ai identifiée comme sentiment amoureux correspondait en réalité à la perception du morceau de musique que j'écoutais en songeant à l'être dont je croyais être amoureux. Mieux, il restera une incertitude quant à la possibilité même d'établir de telles corrélations. Rien ne m'assure, en effet, que chaque élément de l'expérience intérieure possède un corrélat dans une structure cérébrale. Du moins, je ne peux pas l'établir empiriquement : je ne peux pas passer en revue tous les éléments de l'expérience humaine pour vérifier l'existence de ces corrélats. L'autocérébroscope ne passe donc pas dans la fiction avec la fonction que lui donne Feigl. Il existe une disjonction entre l'appareil que définit Feigl et celui qu'un personnage de fiction pourra découvrir. L'appareil de Feigl est transparent, sa fonction est fixée. Celui de la fiction, celui avec lequel tâtonne un personnage de fiction, reste opaque : sa fonction ne sera jamais définitivement établie.

Pour le dire autrement, le personnage de fiction ne sera jamais dans la situation de « l'autocérébroscopiste accompli », dans le texte de Feigl, qui observe, sur l'écran d'une part et dans sa tête d'autre part, des variations parallèles qu'il peut immédiatement identifier. En tant que je suis l'auteur de cette fiction, je peux vouloir fixer la fonction et le mécanisme de l'autocérébroscope : l'autocérébroscope montrera un état cérébral qui se corrèle à un état mental. Mais, en tant que « je » suis un personnage de cette fiction, il me faudra examiner l'autocérébroscope, l'essayer avec prudence d'abord et découvrir peu à peu cette fonction que l'auteur a définie mais qu'il ne peut me transmettre de façon immédiate, et cette fonction restera alors toujours pour moi sujette à caution. Cette opacité tient à la mise en situation de l'autocérébroscope : le personnage de la fiction, ce « je » qui décrit la manipulation, est confronté à un dispositif qu'il doit explorer et dont le sens ne saurait lui être absolument transparent.

Une solution sans doute serait de considérer l'existence de corrélations entre l'esprit et le cerveau comme une croyance commune dans une société où l'on utiliserait des autocérébroscopes, un élément de ce fonds mal défini d'hypothèses qui déterminent notre univers commun. Dans ce cas, l'existence de telles corrélations serait donnée en principe. Mais, du point de vue de la fiction, il faudrait alors rendre compte de la constitution de cette croyance, associée à un appareil que nous recevons de l'extérieur et sans en comprendre le fonctionnement, dans un certain contexte social. L'autocérébroscopiste ne serait plus alors un savant isolé mais un individu dans une société qui se transforme avec la diffusion de ce nouvel appareil, tout à fait mystérieux dans les premiers temps. Ce n'est pas, évidemment, l'histoire que nous raconte Feigl.

Bref, l'autocérébroscope tel que le décrit Feigl est un dispositif limite, qui ne peut pas être mis en scène et, par conséquent, que l'on ne peut pas imaginer. L'autocérébroscope est un pur concept philosophique, découlant de certaines hypothèses sur l'esprit et son rapport au cerveau mais ne se laissant pas représenter dans l'expérience. C'est, si l'on veut, un concept vide. Peut-être ce mirage de l'autocérébroscope reste-t-il à l'horizon de notre conception de l'esprit. Peut-être cherchons-nous à mieux définir notre expérience intérieure pour en faire véritablement un « état mental » que nous pourrions corréler sans ambiguïté et, finalement, identifier à un état cérébral. Mais, cet horizon, il nous faut nous en approcher par une autre voie, une voie qui ne quitte pas le plan de l'expérience fictive, le plan de ce qui s'imagine.

4

Décoder les états cérébraux

Un essai de science-fiction

Il ne s'agit pas bien entendu de chercher à deviner quel sera notre avenir. Je n'écris pas un essai d'anticipation. D'abord parce que je ne travaille que sur un seul élément, l'idée d'une inscription cérébrale de l'expérience intérieure. Je m'efforce de développer cette idée ou de suivre l'évolution possible de notre monde dans cette seule perspective. C'est une abstraction sans doute. J'ignore résolument ce qui pourrait se passer par ailleurs. J'écarte une multitude d'autres éléments qui influeraient sur celui que j'ai isolé et pourraient nous entraîner dans d'autres directions. Cette abstraction, à mes yeux, n'a pas d'importance. Précisément, je ne cherche pas à savoir ce qui nous arrivera mais à interroger les virtualités contenues dans notre concept de la pensée.

Ces virtualités s'expriment dans la fiction. La fiction permet de les déterminer, de les expliciter et d'en faire alors de véritables possibles. Cependant, si j'entends m'appuyer sur la fiction, une fiction esquissée mais avouée, je n'écris pas non plus un roman, un roman bizarre, une sorte de roman de science-fiction. Mon but n'est pas de raconter une histoire mais, à nouveau, à travers des histoires, d'examiner en philosophe la pensée et le contexte, en un sens très large, dans lequel s'inscrit notre idée de la pensée. Par ailleurs, le philosophe a besoin, je crois, d'une multitude de fictions et de fictions entrecoupées d'analyses d'un autre genre. S'il utilise des fictions, il doit aussi en tirer des conclusions, expliciter des hypothèses ou, de la façon la plus générale, raisonner. Et ce raisonnement ne s'intègre pas naturellement à la fiction. Il faut donc interrompre celle-ci et distinguer dans l'écriture différents mécanismes qui n'ont pas les mêmes ressorts. Et à partir du moment où le philosophe s'autorise à sortir de la fiction, où son texte n'est plus un récit, il peut également juxtaposer différents cadres fictifs qui ne se lient pas les uns aux autres, sinon par l'analyse que le philosophe en propose, de l'extérieur de la fiction donc. Parce qu'il interroge un concept, il lui faut en effet tenter des voies incompatibles, ne serait-ce que pour étudier différents aspects du concept ou différents stades dans son développement virtuel. Le philosophe ne peut pas se contenter de suivre un seul fil narratif. Il coupe et démultiplie ses fictions.

Je décrirai mon travail comme un essai de science-fiction : un essai plutôt qu'un roman mais un essai qui se modèle sur la science-fiction. Il s'agit en fait souvent d'en donner un pastiche, d'en reprendre les lieux communs, l'idéologie avec ironie peut-être, pour fondre nos fictions de philosophe dans ce genre bien établi, en éliminer toute étrangeté et emporter – par la force de l'habitude en quelque sorte – l'adhésion. Plus profondément, il s'agit bien d'esquisser une ou des fictions à partir d'un état de la science, en partie réel et en partie imaginaire, d'une vue sur la science contemporaine dont la seule justification est dans l'adhésion qu'elle rencontre. Je l'ai dit déjà, il n'est pas nécessaire pour mon projet que les expériences que j'évoque soient véritables : je pourrais aussi bien les avoir inventées, ne pas les retracer correctement, les savants que je cite pourraient avoir falsifié leurs résultats ou être eux-mêmes, sans le savoir, tombés dans la fiction.

Lire la pensée dans le cerveau

« Est-il possible de déterminer ce à quoi quelqu'un pense actuellement à partir d'une mesure de son activité cérébrale ? À première vue, répondre à cette question semble facile. De nombreuses études de neuro-imagerie humaine ont établi l'existence d'un lien étroit entre l'esprit et le cerveau, de telle sorte qu'il doit être en principe possible de décoder ce à quoi un individu pense à partir de son activité cérébrale. Cependant, il reste à savoir si un tel décodage des états mentaux, une telle "lecture de cerveau" [*brain reading*] peut être réalisée en pratique avec les méthodes actuelles de neuro-imagerie. Les études classiques laissent ouvertes des questions importantes. Par exemple, avec quelle précision et quelle efficacité un état mental peut-il être inféré ? La coopération de la personne est-elle exigée ? Est-il possible de décoder des pensées cachées ou même des états mentaux inconscients ? »[1]

Ce passage ouvre un article publié en 2006 visant à constituer un état des lieux d'un secteur des neurosciences, un état des lieux des recherches en vue de pouvoir lire, « décoder » la pensée dans le cerveau, la pensée au sens le plus vague : non seulement ce à quoi l'on pense actuellement mais aussi les pensées « cachées » – les pensées, les intentions que l'on voudrait cacher – et les pensées, finalement, dont on peut ne pas avoir conscience.

La possibilité de principe d'une telle lecture ne fait aucun doute pour les auteurs. Le raisonnement est néanmoins curieux. « De nombreuses études de neuro-imagerie » auraient établi un tel lien de l'esprit au cerveau, et le problème ne concernerait que la mise en pratique : savoir si cette lecture peut être réalisée avec nos moyens techniques, des appareils d'une précision limitée. Mais, précisément, comment des études de neuro-imagerie

1. J. D. Haynes, G. Rees, « Decoding Mental States from Brain Activity in Humans », *Nature Reviews Neuroscience*, vol. 7, juillet 2006.

auraient-elles pu montrer la possibilité d'un tel décodage alors que c'est une question de savoir si notre neuro-imagerie le rend en effet possible ? Nos savants font comme si la possibilité d'une lecture de la pensée dans le cerveau était un fait empirique – parce qu'appuyé sur de « nombreuses études » – pour ensuite poser le problème de sa réalisation technique, c'est-à-dire de la vérification empirique de cette hypothèse.

Les neurosciences ont pu mettre en évidence un lien entre tel vécu, la douleur par exemple, et l'activation de telles zones du cerveau. Cependant, des corrélations ponctuelles ne justifient pas à elles seules l'hypothèse d'une corrélation générale entre l'expérience intérieure et l'état cérébral. En réalité, cette thèse est-elle susceptible d'une justification empirique ? Pour établir empiriquement une telle corrélation, il faudrait que les deux termes soient bien définis et également observables. Or est-ce le cas de la pensée, de l'état mental tel que l'envisagent les neurosciences ?

S'il s'agit de lire mes pensées explicites, mon discours intérieur à partir de l'état de mon cerveau, la difficulté est seulement que l'un des termes, l'état de mon cerveau, est donné à tout observateur alors que l'autre, mon discours intérieur, n'est donné qu'à moi-même. C'est donc seulement moi, dans notre conception usuelle de la pensée, du « mental », qui peut confirmer cette corrélation. Si le savant essaie de deviner en observant mon cerveau le numéro de téléphone que je répète dans ma tête, je sais, et je suis le seul à savoir pour sûr, s'il l'a effectivement découvert. Si je contredis le savant, en affirmant que je pensais à un numéro différent de celui qu'il me propose, on reconnaîtra que, dans la mesure où je suis de bonne foi, le savant s'est trompé. Ou alors, pour donner malgré tout raison au savant, il nous faut adopter une conception différente de la pensée : admettre que je peux ne pas savoir à quoi je pense, croire répéter un certain numéro de téléphone alors que j'ai, en réalité, dans la tête un autre numéro. Il faut, finalement, introduire dans notre conception de la pensée une nouvelle strate, une sorte de pensée qui n'existe pas encore :

une pensée disons neurologique qui se fait dans le cerveau, se voit donc de l'extérieur plutôt que de l'intérieur et à laquelle le sujet n'a pas un accès privilégié. Or c'est bien dans cette direction que s'engagent les savants en élargissant le domaine d'application de la corrélation entre pensée et cerveau au-delà de la pensée explicite, en envisageant que la lecture cérébrale se fasse sans la « coopération » du sujet pour saisir alors ses « pensées cachées » comme « ses états mentaux inconscients ».

L'importance donnée au thème des « pensées cachées » dans les neurosciences contemporaines tient à leur application aux questions de « sécurité »[1]. Il s'agit alors de lire dans le cerveau des pensées, des intentions que le sujet entend « cacher » : en mentant, en ne répondant pas aux questions de l'interrogateur ou, s'il sait qu'un savant examine son cerveau, en pensant justement à autre chose. Dans une expérience déjà décrite, un jeu vidéo occupe ainsi le sujet pendant que l'on cherche à déterminer son intention, additionner ou soustraire. L'occultation de l'intention est ici voulue par le savant mais le problème est le même : décrypter une pensée à laquelle le sujet ne pense pas.

Cependant, lorsque le savant quitte le laboratoire, aucun dispositif ne lui permet de connaître à l'avance l'« intention » du sujet. De son côté, le sujet ne confirme pas les pensées « cachées » que le savant découvre dans son cerveau. Comment savoir si le savant devine juste ou s'il se trompe ? Le critère ne peut pas être celui qui joue dans le laboratoire ou dans cette expérience imaginaire du numéro de téléphone que le sujet répète dans sa tête et que le savant cherche à deviner. C'est également clair lorsque, dans le passage cité plus haut, les auteurs évoquent la

1. Cf. en particulier le rapport publié par le National Research Council des États-Unis sur le rôle des neurosciences dans les questions de défense : *Emerging Cognitive Neuroscience and Related Technologies*, Washington, National Academies Press, 2008 ; cf. aussi J. H. Marks, « A Neuroskeptic's Guide to Neuroethics and National Security », *AJOB Neuroscience*, vol. 1, n° 2, avril 2010, p. 4-12.

détermination, à partir de l'activité cérébrale, des « états mentaux inconscients » du sujet. Comment même formuler un critère qui définirait la justesse des propositions du savant lorsque la coopération du sujet est exclue ? Il faut pour cela sortir de notre concept usuel de la pensée. Celui-ci déterminerait les « pensées » du sujet par ce que le sujet lui-même de bonne foi dirait penser, alors que, dans le cas qui nous occupe, le sujet ne dit plus rien.

Dans cette perspective, l'expression même d'état mental inconscient mérite une remarque. Un état mental, tel qu'on l'entend habituellement, c'est être joyeux, rêver, avoir mal, etc. Il existe sans doute des phénomènes inconscients, des pulsions, des désirs, mais peut-on parler « d'états mentaux inconscients » ? Dans quelle mesure puis-je être triste ou rêver ou souffrir sans le savoir ? N'est-ce pas déjà modifier le sens de « mental » et autoriser le savant à court-circuiter un rapport en première personne qui n'est plus disponible ?

La difficulté, en tout cas, est de savoir comment, si le corrélat mental de l'état cérébral peut rester inconscient ou simplement être caché, la corrélation elle-même pourrait être justifiée de façon empirique. Un état mental inconscient n'est pas directement observable, ni par le sujet puisque cet état est inconscient, ni évidemment par un tiers. Le savant ne fait que l'inférer à partir de l'état cérébral : son cerveau indique que le sujet est « triste » ou qu'il a l'« intention » de faire sauter la tour Eiffel. Cette inférence du cerveau au mental peut être confirmée par le comportement du sujet, qui agit comme s'il voulait faire sauter la tour Eiffel ou comme s'il était triste, quoi qu'il en dise. Mais, à nouveau, cette étude du comportement ne suffit pas à fixer l'état mental du sujet car celui-ci est encore inféré à partir d'une donnée extérieure. Et dans notre conception usuelle du mental, cette inférence demande à son tour à être validée par le sujet lui-même. Si mon collègue se comporte comme s'il était triste mais n'avoue qu'être fatigué, je peux penser qu'il me cache sa tristesse mais j'accepte que lui seul sache véritablement s'il est triste ou s'il est fatigué.

Il n'y a pas moyen de vérifier empiriquement la corrélation du cérébral au mental dans sa généralité puisque, lorsqu'il est caché, inconscient, le « mental » au sens où on l'entend habituellement n'est pas donné empiriquement. En réalité, la corrélation entre l'esprit et le cerveau, la possible lecture de la pensée dans le cerveau relève d'un postulat : le postulat par lequel le savant pose que la « pensée » s'exprime et se lit dans le cerveau. Ce postulat a pour effet de redéfinir la « pensée », non comme ce dont le sujet a l'expérience mais comme ce qui ressort de cette corrélation. C'est pourquoi le savant peut parler d'intentions « inconscientes », « cachées », et décoder la « pensée » du sujet sans aucunement exiger sa coopération ou faire référence à son expérience propre. Bien entendu, il faut à partir de ce postulat mettre en place une vie cohérente où la « pensée » que l'on prête au sujet s'accorde à son comportement et où, bien que cela ne soit plus en principe nécessaire, elle puisse néanmoins le plus souvent être reconnue par le sujet, etc. Ce n'est pas dire donc que le savant peut attribuer au sujet n'importe quelles « pensées ». Mais il travaille à constituer un nouveau domaine, sous-jacent à la pensée telle que nous la connaissons. C'est cette « pensée » qui fait l'objet des neurosciences : une pensée qui n'existe pas encore tout à fait mais que le développement des neurosciences réalise peu à peu, rend réelle.

La « privauté mentale »

« Alors que les formes usuelles de communication, telles que la parole et le langage corporel, restent, dans une certaine mesure, sous le contrôle volontaire de l'individu, [...] la lecture cérébrale [*brain reading*] permet potentiellement de court-circuiter ces canaux. Par exemple, des techniques de lecture du cerveau pourraient en théorie être utilisées au cours d'entretiens d'embauche ou pour décoder les états mentaux d'individus suspectés d'activité criminelle. Une telle capacité à révéler les états mentaux cachés en utilisant des techniques de neuro-imagerie pourrait potentiellement conduire à des violations graves de la “privauté mentale” [*mental privacy*]. »[1]

Imaginons donc un entretien d’embauche. On exige que je passe un scanner ou bien, la taille des appareils ayant diminué, on scanne mon cerveau à mon insu et l’on fournit les données à la machine qui décode mes états mentaux. Le même article donne un peu plus haut des exemples de ce que la machine pourrait déceler dans mon cerveau : « des attitudes [ou, ailleurs, des biais] raciaux, conscients ou inconscients » et « des tendances criminelles »[2]. Celles-ci pourraient ne pas s’être encore actualisées, je n’en aurais pas moi-même conscience comme je pourrais ne pas avoir conscience de mes préjugés racistes, dont mon employeur prendrait ainsi connaissance avant moi.

Curieusement, les auteurs supposent que, dans cet imaginaire entretien d’embauche, seul l’employeur possède un scanner, un lecteur de cerveau. Pourtant, si ces appareils sont suffisamment diffusés pour qu’un employeur quelconque puisse en posséder un, l’employé lui-même pourra bientôt acquérir le sien. Les ordinateurs également ont commencé par être d’énormes machines exigeant des budgets colossaux avant peu à peu d’envahir les foyers. Or l’employé qui disposera de son ordinateur et de son lecteur cérébral observera, avant de se rendre à son entretien, son propre cerveau. S’il y décèle des préjugés racistes ou des attitudes criminelles, il s’efforcera par des exercices de concentration de les éliminer et reculera son entretien jusqu’à y être parvenu. Dans une certaine mesure, et j’y reviendrai, le cerveau est un organe souple que l’on peut apprendre à manipuler : un organe susceptible de mouvements volontaires.

Il faut donc aller plus loin que nos savants. Pour développer leurs « considérations éthiques » – c’est le titre du paragraphe

1. J. D. Haynes, G. Rees, « Decoding Mental States from Brain Activity in Humans », *op. cit.*, p. 532.

2. *Ibid.*, p. 531.

dont le passage cité plus haut est extrait –, nos savants isolent un moment déterminé et provisoire dans le développement imaginaire des lecteurs cérébraux : le moment où ceux-ci ne seront accessibles qu'aux seuls employeurs. Peut-être les savants travaillent-ils plutôt pour les employeurs que pour les employés. Quoi qu'il en soit, leur éthique et sa métaphysique sous-jacente sont marquées par ce caractère provisoire. Si le lecteur de cerveau devient une sorte de miroir dans lequel je vérifie avant de sortir ou de me rendre à un entretien d'embauche ce que l'on voit de moi, il n'existera plus de « privauté mentale ». Le « mental » tel que le dévoilera le lecteur de cerveau sera public au même titre que l'apparence extérieure. Peut-être parlera-t-on de son « apparence intérieure ». Et le regard porté sur celle-ci ne sera qu'une extension de celui qui est porté au visage.

L'expression de « violation de la privauté mentale » fait penser à une violation de la vie privée. Comme si l'employeur faisait suivre l'employé par un détective ou l'observait chez lui à son insu. Mais, dans notre métaphysique commune, ce n'est pas au même sens que la vie domestique et la vie mentale sont privées. Le mental n'est pas privé par décision ou de par la loi. Il est privé par définition, pour ainsi dire. En ce que je suis le seul à savoir ce que je pense : dans le concept de « pensée » ou de « mental » qui est encore le nôtre, le savant ne peut au moyen de son scanner prétendre déterminer ce que je pense, le numéro de téléphone que je répète dans ma tête par exemple, que dans la mesure où je confirme son interprétation. Cette privauté mentale ne peut pas être violée. Pour qu'il y ait violation de la privauté mentale, il faut que le concept de mental ait déjà changé pour désigner alors une strate nouvelle corrélée au cerveau, qui n'est pas forcément accessible au sujet mais qu'une machine peut décoder.

La mise en garde des savants contre ce risque d'une « violation de la privauté mentale » suppose à la fois que le « mental » n'est déjà plus essentiellement privé – puisqu'il est susceptible d'être saisi de l'extérieur et à mon insu – et qu'il ne saurait être public. Mais pourquoi le mental, en ce sens, ne pourrait être rendu public ? Notre visage aussi peut montrer de nous ce que nous préférerions cacher, et nous le maquillons. C'est, à nouveau, en un moment singulier du développement imaginaire des lecteurs cérébraux que l'on peut parler en ce sens de « privauté mentale ».

À nouveau, lire dans le cerveau

« Imaginez un appareil à lire le cerveau [*a general brain reading device*] qui pourrait reconstruire une image de l'expérience visuelle d'une personne à n'importe quel moment du temps. Ce décodeur visuel aurait de grandes applications scientifiques et pratiques. Par exemple, nous pourrions l'utiliser pour examiner les différences entre les perceptions qu'ont plusieurs personnes, étudier des processus mentaux extérieurement invisibles, comme l'attention, ou même accéder au contenu visuel de phénomènes mentaux comme les rêves ou l'imagination. »[1]

Nous voici donc devant un autre lecteur de cerveau. Celui-ci a une fonction spécifique. Il ne s'agit plus de décrypter en général la pensée ni de déceler les tendances criminelles. L'appareil est convivial. Il détermine et affiche les images que le sujet voit, dont il se souvient ou qu'il imagine. Dans ce futur imaginaire, le sujet se concentre sur une image, on scanne son cerveau et la machine reproduit à l'écran l'image que le sujet a devant les yeux, les yeux véritables ou les yeux de l'esprit. Cet appareil, s'il pouvait être largement diffusé, rendrait inutiles les appareils photographiques. Ou, plus exactement, c'est le cerveau lui-même qui deviendrait un tel appareil à retenir les images. Je veux montrer les images de mes vacances à mes amis. Inutile de sortir mon album de photographies. Je place un

1. K. N. Kay, T. Naselaris, R. J. Prenger, J. L. Gallant, « Identifying Natural Images from Human Brain Activity », *Nature*, vol. 452, n° 20, mars 2008, p. 352.

casque sur ma tête. Je revois cette plage au soleil et l'appareil l'affiche à l'écran où tout le monde peut admirer le paysage. C'est ainsi que se dérouleront bientôt les soirées diapositives.

Évidemment, les savants rêvent et l'appareil n'existe pas encore. Mais voici comment on pourra le construire ou commencer à le construire : « Comment construire un décodeur visuel universel ? Nous considérons que le problème de l'identification des images est une première étape. Ce problème est analogue au tour de magie classique, "Prenez une carte, n'importe laquelle". Nous partons d'un large ensemble d'images, arbitraires. Le sujet choisit une image dans cet ensemble et l'observe pendant qu'est mesurée l'activité de son cerveau. Est-il possible d'utiliser cette mesure de l'activité cérébrale pour identifier l'image particulière que le sujet a devant les yeux ? »[1] La réponse à cette dernière question est positive : c'est le résultat de l'expérience que retrace cette étude, une expérience qui ne relève pas de la magie mais de la technique.

Néanmoins, je me souviens, enfant, d'avoir assisté dans une foire exactement au tour évoqué dans ce passage. L'homme, dans un smoking un peu défraîchi, comme il se doit, demandait à un spectateur de monter sur scène, de choisir une carte dans un jeu et de l'observer attentivement. Et sa compagne, télépathe, un peu plus loin, les yeux apparemment fermés, le visage concentré, devinait la carte choisie. Elle devinait aussi la date et le lieu de naissance du spectateur quand celui-ci tendait sa carte d'identité. Je devais avoir une dizaine d'années et mon père qui m'accompagnait a eu ensuite le plus grand mal à me convaincre de l'existence d'un subterfuge et d'un moyen de communication bien matériel entre le prestidigitateur et la télépathe.

La science est-elle l'héritière de la magie ? Est-elle influencée par la magie ? Finalement, c'est sans doute guidés par le souvenir de tels tours, par le fantasme de cette télépathie de foire que nos savants tentent leurs expériences et s'engagent dans

1. *Id.*

une direction plutôt que dans une autre. La direction que prend la science semble donc bien être déterminée par ce fonds imaginaire que nous gardons tous.

L'expérience dont il est question dans cet article est parfaitement semblable au tour du prestidigitateur. Elle est seulement plus complexe : le paquet d'images est plus volumineux qu'un jeu de cartes et les images sont plus riches en détails que des cartes à jouer. Dans une première étape, on enregistre l'activité cérébrale du sujet pendant qu'il regarde des images, mille sept cent cinquante images précisément. On entraîne un ordinateur – peu importe comment – à coordonner l'enregistrement obtenu à chaque image. Ensuite, on demande au sujet de choisir et considérer une image parmi un ensemble de cent vingt images nouvelles, qui ne figuraient pas dans le premier groupe, les mille sept cent cinquante images à partir desquelles l'ordinateur a été entraîné. On observe à nouveau l'activité cérébrale du sujet pendant qu'il contemple cette dernière image et l'ordinateur, au vu de son activité cérébrale, sait reconnaître quelle image, parmi les cent vingt proposées, a choisie le sujet. Ou, plus exactement, l'ordinateur voit juste, selon les sujets, dans une fourchette allant de 95 % à 72 % des cas. S'il procédait au hasard, il ne devinerait l'image qu'observe le sujet que dans 0,8 % des cas.

Il existe déjà des expériences allant dans la même direction. Par exemple, on sait déterminer, de la même façon, par une mesure de l'activité cérébrale et avec un certain pourcentage d'erreurs, si un sujet voit ou simplement imagine, se souvient, voit avec les yeux de l'esprit ou bien une maison ou bien un visage ou bien telle partie du corps. Le progrès accompli, dans l'expérience précédente, tient à ce que l'ordinateur réussit à distinguer dans le cerveau du sujet des « images naturelles ». Ce sont des photographies que l'on présente au sujet et non simplement le schéma d'un visage ou d'une maison, schémas qu'il est beaucoup plus facile de distinguer – le schéma d'une maison possède des angles nets, celui d'un visage est plutôt rond, etc.

Bref, comme le prestidigitateur et sa comparse télépathe devinent la carte que le spectateur a tirée du paquet, le savant et sa machine devinent quelle image le sujet a choisie, parmi la centaine qu'on lui a proposée. Nous ne sommes peut-être pas encore en mesure de concevoir un lecteur cérébral. Cependant, « l'identification d'images naturelles nouvelles nous approche de la possibilité de réaliser un décodeur visuel. La dernière étape exigerait que l'on trouve un moyen de reconstituer l'image vue par l'observateur, plutôt que de la retrouver parmi un ensemble fixé[1] ». La machine, dans l'expérience précédente, se contente en effet de repérer l'image qu'observe le sujet parmi les cent vingt dont elle dispose. Un décodeur de cerveaux, comme on en rêve, devrait pouvoir reconstituer l'image que le sujet observe ou imagine, ou dont il se souvient, quelle qu'elle soit. Le passage à l'imagination ou au souvenir ne semble pas poser de problème, ces facultés utilisant apparemment un certain nombre des circuits de la perception. La difficulté est plutôt d'éviter de donner à la machine un ensemble d'images prédéterminé.

Le même groupe de savants semble avoir obtenu de nouveaux résultats, exposés dans un article du *Sunday Times* au titre évocateur : « L'ordinateur psychique affiche vos pensées à l'écran[2] ». Le sujet regarde maintenant des vidéos sur Youtube – pendant à peu près deux cents heures – plutôt que des images, et l'on entraîne l'ordinateur à corréler mesures de l'activité cérébrale et vidéos. Puis le sujet ouvre une nouvelle vidéo et l'on demande à l'ordinateur de la décrypter dans le cerveau du sujet. Il y réussit en partie, bien que certaines zones dans les images obtenues restent floues. Les visages, par exemple, sont rarement reconnaissables.

Si je comprends bien, il s'agissait de se passer de cette sorte de dictionnaire d'images dans lequel la première expérience autorisait l'ordinateur à piocher. C'est un peu comme si le

1. *Ibid.*, p. 354.

2. *Sunday Times*, 1er novembre 2009. Cf., plus récemment, « Décrypter ce que voit le cerveau d'autrui », *Libération*, 22 septembre 2011.

prestidigitateur demandait à son sujet de tirer une carte de sa poche, plutôt que de la prendre dans le paquet, et cela en prétendant que cette nouvelle carte à jouer n'appartenait pas elle aussi à un paquet. Il me semble que, pour compléter les visages, il eût suffi de demander à l'ordinateur de parcourir les fichiers de Youtube à la recherche de la vidéo qui ressemblait le plus à celle qu'il observait dans le cerveau du sujet. Nos savants veulent trop. Pourquoi vouloir éliminer ce dictionnaire d'images dans lequel la machine puise alors qu'Internet nous en offre un ? Il n'existe qu'un nombre fini de films que l'on peut regarder et Youtube les contient presque tous ou contient du moins ceux que nous avons le plus vraisemblablement envie de regarder. Nos souvenirs, nos fantasmes eux-mêmes se ressemblent et, si l'on en faisait l'inventaire, un ordinateur pourrait peut-être les y retrouver à partir de notre état cérébral.

Les souvenirs de vacances que l'on voudrait pouvoir montrer à ses amis, à la rentrée, comme les vidéos que l'on tourne au caméscope ne connaissent dans leur scénario que peu de variations : il y a les enfants qui jouent au ballon sur la plage, le monsieur qui fait tomber sa glace sur la jetée, la mer au soleil couchant, etc. Ne pourrait-on pas mettre tous nos visages sur un gigantesque fichier, un peu comme sur Facebook, et sur un autre site, un peu comme Youtube, les scénarios les plus courants ? Ceux-ci seraient-ils plus nombreux que les vidéos qui se trouvent effectivement sur Youtube ? Ne pourrions-nous pas alors demander à une machine de reconstituer nos souvenirs à partir de ce répertoire de visages et de scénarios ?

Ou encore considérons à Noël l'ouverture des cadeaux. Il y a un sapin, dont l'ordinateur aura bien appris à identifier la forme verte, des enfants, dont les visages sont sur Facebook, et des cadeaux que l'on peut retrouver en général sur les catalogues de l'année en cours. Il faudrait que la machine calcule un peu mais ne pourrait-elle alors identifier les différents éléments de la scène – les visages des enfants sur Facebook et les cadeaux sur eBay – comme, dans l'expérience retracée plus haut, elle identifie l'image que le sujet contemple parmi un certain ensemble ? Une machine un peu plus perfectionnée que celle que nous connaissons aujourd'hui, mais une machine du même genre.

Nous perdrons quelque chose sans doute à voir nos souvenirs ainsi reconstitués à partir d'un répertoire fini, mais nous gagnerions le plaisir de les partager. Qu'y a-t-il d'effrayant dans les soirées cérébroscopiques qui s'annoncent ? Nous montrerons nos souvenirs en première personne, avec cette seule nuance que notre première personne sera devenue un élément de la troisième personne ou, plus exactement, un élément de la non-personne qu'est la machine.

Une armée d'un nouveau genre

Le DARPA (Agence de la défense pour des projets de recherche avancée) dépend du département de la Défense des États-Unis et dispose d'un budget de plus 24 millions de dollars. Son but est, par exemple, « de permettre aux soldats de contrôler des membres artificiels super-rapides [*superfast artificial limbs*], de piloter des véhicules à distance, de guider des robots, en utilisant seulement la puissance de leur pensée. Plus remarquable encore, de tels appareils pourraient aussi améliorer la prise de décision, développer la mémoire et les capacités cognitives et même autoriser la communication sans fil entre le cerveau d'une personne et celui d'une autre[1] ».

1. A. Rudolph, directeur de programme au DARPA (Defense Advanced Research Project Agency), cité par B. Gordijn et A. M. Buyx, « Neural Engineering. The Ethical Challenges Ahead », *in* J. J. Giordano et B. Gordijn, *Scientific and Philosophical Perspectives in Neuroethics*, *op. cit.*, p. 286.

La télékinésie

« L'idée d'utiliser nos pensées pour travailler sur un ordinateur ou contrôler un robot appartenait au domaine de la science-fiction. Mais les scientifiques ont maintenant réussi par leurs efforts conjoints à développer la technologie requise pour convertir des signaux cérébraux en de véritables commandes, de façon à rendre possibles la communication, la mobilité et l'indépendance des personnes paralysées. »[1]

Il existe différentes techniques pour capter les « signaux cérébraux », c'est-à-dire repérer l'activité de certaines zones du cerveau. On peut planter des électrodes à l'intérieur même du cerveau – ce qui est plus efficace mais présente un risque, un risque d'infection notamment, et n'est donc réalisé que de façon expérimentale sur des sujets paralysés – ou, au moyen d'un casque, déterminer l'activité du cerveau de l'extérieur – ce qui ne permet pas encore d'obtenir des résultats aussi satisfaisants. Mais peu importe la technique. L'appareil est susceptible de déceler l'activité particulière d'une certaine zone du cerveau pour mettre alors en action un ordinateur ou un robot auquel le cerveau du sujet est ainsi relié.

Typiquement, le sujet imagine lever ou baisser son bras. Cette pensée active le cerveau du sujet, ce que son casque repère et transmet à un ordinateur. Le curseur se déplace alors sur l'écran vers le haut ou vers le bas. Il faut au début un peu d'entraînement pour réussir à former la pensée exacte qui activera la zone du cerveau dont dépend le mouvement du curseur. Mais on peut déjà élaborer des jeux vidéo, une sorte de Pong par exemple, où les deux adversaires s'opposent par la seule force de la pensée. Au moyen d'électrodes, un patient tétraplégique peut déplacer le curseur de façon suffisamment précise pour ouvrir et lire son

1. S. H. Scott, « Neuroscience : Converting Thoughts Into Action », *Nature*, vol. 442, juillet 2006, p. 2.

courrier électronique. Il peut également actionner un bras mécanique et diriger un fauteuil roulant.

Le cerveau est donc – en partie du moins – un organe que l'on peut soumettre à un mouvement volontaire. On peut décider de l'activer de telle ou telle façon, et cela en pensant, en imaginant telle ou telle chose. C'est en général imaginer un certain mouvement des bras, mais on peut aussi procéder avec des mots, un langage primitif : imaginer prononcer, ou prononcer dans sa tête, un mot appartenant à un certain ensemble phonétique, et cette pensée produit une activité cérébrale que la machine peut distinguer et utiliser pour diriger, à nouveau, le curseur d'un ordinateur comme un dispositif mécanique.

Un groupe berlinois, dirigé par Julian Klein, donne également des concerts cérébraux : les cerveaux des musiciens sont reliés à des ordinateurs qui traduisent l'activité cérébrale par certains sons. Les musiciens jouent de leur cerveau, par leur pensée, en suivant une sorte de partition écrite à l'avance. La difficulté, pour les musiciens, est de maintenir tous ensemble le même rythme dans leur cerveau et dans leur pensée.

Jouer de la musique, déplacer des objets par la seule puissance de la pensée, cela rappelle non seulement la science-fiction mais les tours de magie. À nouveau, les neurosciences sont-elles guidées par ces fantasmes de la télépathie et de la télékinésie ? Mon père, sur le chemin du retour, le soir où nous avions assisté à cette séance de télépathie, a fait bien des efforts pour me convaincre de l'existence d'un trucage. Il pensait sous doute nécessaire de me désillusionner pour faire de moi, par la suite, un adulte rationnel. Et sans doute, il reste entre la télépathie ou la télékinésie, telles qu'on les imaginait dans ces tours de foire et de multiples histoires fantastiques, et ces dispositifs qu'inventent les neurosciences cette différence que les unes relèvent du fantasme, de la superstition alors que les autres relèvent de la science et, de fait, fonctionnent. Mais c'est seulement que nous avons imaginé des machines compliquées pour réaliser – littéralement, rendre réels – ces fantasmes dont nous n'avons pas réussi à nous débarrasser.

5

La naissance du BR : juin 2020

Un après-midi à la campagne

C'est un dimanche, à cette heure un peu paresseuse qui suit le déjeuner, que le BR commence réellement d'exister et, d'un rêve de savant, se transforme en un projet industriel. Cela se passe au-dessus des reliefs du repas. John W. Trams, qui vient d'être nommé colonel, a invité dans sa maison de campagne, dans les environs de Washington, son ami Smart et son cousin, Walter J. Trams, un peu plus âgé que lui, qui dirige la branche américaine d'une entreprise de télécommunications. Les trois épouses discutent un peu plus loin, dans le jardin, et surveillent une ribambelle d'enfants qui courent en criant autour d'un vieux portique rouillé. Les trois hommes sont assis à table sur la terrasse, autour d'une bouteille de cognac.

Rosa Smart les observe régulièrement. Les deux Mme Trams, qui bien qu'elles ne soient cousines que par alliance se ressemblent un peu, planifient leurs prochaines vacances, des vacances à la mer dans le Maine, dans la propriété familiale que se partagent les nombreux Trams. Rosa n'a pas grand-chose à dire et seulement sa fille à surveiller, une fille sage, alors que les autres s'occupent chacune de quatre ou cinq enfants qui hurlent en prenant d'assaut le portique branlant. Elle se tourne de temps en temps vers la terrasse. Elle voit son mari boire rapidement son cognac puis, penché en avant, les mains croisées, commencer à parler. Elle ne l'entend pas mais sait ce de quoi il parle, à peu de chose près : le BR, le *brain reader*. Le savant a répété dans la voiture, le matin, le discours qu'il allait tenir à Walter Trams. Celui-ci écoute et pose quelques questions, précises et courtes, durant lesquelles George a juste le temps de reprendre haleine. Le colonel Trams, que Rosa ne peut pas s'empêcher de craindre, reste debout appuyé sur le parapet de la terrasse, en retrait.

Le soir, avant de se séparer, Walter Trams et George Smart se serrent la main chaleureusement. George monte dans la voiture où Rosa et sa fille sont déjà installées. Il ferme la porte et démarre. Il sourit en passant la barrière qui entoure la propriété. Il n'a rien besoin de dire à Rosa qui a deviné d'elle-même. Walter Trams soutiendra le projet de lecture cérébrale.

Le retour à Washington se passe dans le silence. George a beaucoup parlé et beaucoup bu, il bâille de temps en temps, leur fille dort à l'arrière et Rosa pense aux Trams, maris, épouses et enfants. La nuit tombe sur l'autoroute. Les voitures allument une à une leurs phares. Rosa ferme les yeux.

« Le voyeur »

C'est la nuit mais il est encore tôt, des lumières brillent à chaque fenêtre. Sur sa terrasse, au-dessus des toits de Rome, le professeur Aughen raconte ses découvertes à ses invités : « Ce fut comme si j'avais ouvert la porte d'un royaume interdit et ignoré, comme si j'avais pénétré dans les coulisses du grand théâtre de la vie, là où personne n'était jamais entré, aucun philosophe, aucun scientifique, aucun policier, aucun écrivain, aucun prêtre. [...] Ce que peuvent apprendre les confesseurs n'est rien en comparaison. »[1]

1. D. Buzzati, « Le voyeur », trad fr. D. Gachet, in *Nouvelles inquiètes*, Paris, Robert Laffont, « 10/18 », 2006, p. 182.

Dans le film d'Hitchcock, *Fenêtre sur cour*[1], les personnages interprétés par James Stewart et Grace Kelly passent aussi leurs soirées à épier les voisins d'en face. Ils finissent par appeler la police pour empêcher le suicide d'une vieille fille malheureuse et, par la suite, faire arrêter un mari excédé qui a supprimé son épouse. Pourtant, ils ne font qu'observer l'intérieur des appartements au moyen d'un téléobjectif, comme le professeur Aughen qui s'est contenté d'installer une longue-vue sur sa terrasse. Alors que George, pense Rosa, veut pénétrer plus avant et entrer dans les crânes. Rosa sait bien – si George l'a oublié – que l'esprit ne ressemble pas à une chambre que l'on pourrait observer du dehors, en regardant l'autre dans les yeux. Et pourtant, comment imaginer autrement ce à quoi donne accès un *brain reader* ? Mieux, l'existence même d'un *brain reader* ne transformera-t-elle pas alors l'esprit en une telle chambre aux fenêtres maintenant ouvertes ?

George se tourne de temps en temps vers Rosa, qui ne dort pas malgré ses yeux fermés. Il le voit à la tension des muscles du cou et du visage. Ce n'est ni l'abandon d'un sommeil profond, ni la nervosité d'un mauvais rêve. Non, Rosa réfléchit. Elle pense à quelque chose. À quoi ? George sourit : ce ne sera bientôt plus un mystère.

Les paysages de l'esprit

Les longues soirées de juin se prêtent aux rêveries spéculatives. Les deux cousins Trams semblent n'avoir pas bougé. Ils sont assis sur la terrasse et contemplent les arbres du jardin qui s'enfoncent dans l'obscurité. De petits verres sont à nouveau posés devant eux, la bouteille de cognac est à portée de main. John W., le sévère colonel, fume de petites cigarettes et Walter J., débonnaire, un gros cigare.

1. A. Hitchcock, *Rearwindow*, Paramount, 1954.

Bien sûr, après le départ des Smart, ce qui restait du déjeuner a été débarrassé comme par magie. Un dîner léger a été servi. Les enfants se sont mis à table. Ils étaient propres et bien peignés. Les épouses ont parlé à leurs maris des vacances dans le Maine. Puis les enfants sont montés se coucher accompagnés de leurs mères, laissant les deux hommes à leurs méditations.

Walter, les yeux mi-clos, refait la route qui mène à cette fameuse maison dans le Maine. Il y a vingt ans, la route serpentait entre des dunes boisées. Elle traversait une dizaine de kilomètres de sables et de pins, ondulant sans formes définies jusqu'à un village de pêcheurs. Puis l'endroit est devenu populaire, un hôtel a d'abord été ouvert, puis un camping et, peu à peu, les dunes se sont couvertes de constructions précaires, motels, supermarchés, stations services, cinémas, restaurants, loueurs de voitures, de vélos, magasins de bricolage, etc. Les bâtiments bas s'égrènent tout le long de la route. Des feux de circulation et des ronds-points règlent la circulation et forment des bouchons. Des enseignes lumineuses attirent le regard et, alors que l'on se perdait dans ce paysage de dunes, on sait maintenant toujours où l'on en est : devant le deuxième rond-point, après le cinéma.

Walter soupire. Parce qu'il s'apprête avec l'aide du génial Smart à réaliser la même opération dans les paysages de l'esprit : transformer un terrain vague où il n'y a rien de défini, pas grand-chose que l'on puisse nommer, cerner, en une suite de commerces, un système de marchandises. Les souvenirs, les images, les intentions que capturera le lecteur de cerveau, ce sont bien des marchandises. Ils rappellent ces jeux d'enfants colorés de nouveaux personnages que vendent chaque année les supermarchés près de la mer. Nos souvenirs et nos rêves quand ils seront réduits à de petits films sur un écran, nos intentions et nos pensées quand elles se manifesteront par certains signes sur les appareils qui nous entourent, seront devenus des produits qu'il faudra acheter et renouveler selon les modes. Il faudra payer pour disposer ainsi d'un esprit, d'un esprit qui, littéralement, sera plus ou moins riche.

D'une certaine façon, les téléphones portables ont déjà ainsi marchandisé une partie du temps. Patientons un peu dans une gare et asseyons-nous dans un train, pour un trajet relativement court et cher, un New York-Philadelphie se dit Trams – mais un Paris-Lille ferait aussi l'affaire –, combien d'entre nous jouent avec leur téléphone portable ? Jouer au sens propre à un jeu vidéo, parler pour ne rien dire ou envoyer des SMS, des courriels ? Comment aurions-nous occupé notre temps avant l'ère des téléphones portables ? Nous aurions lu un peu, patienté en rêvassant, parlé à notre voisin, feuilleté un journal. Nous n'aurions pas fait grand-chose et ce que nous aurions fait aurait eu une valeur marchande très faible. Ce temps, disons libre, a été transformé en un système de marchandises, d'objets ou d'activités définis qui s'achètent et se vendent. Et l'esprit doit maintenant être soumis au même processus.

Walter lisait Marx et Lénine quand il était étudiant. Ses souvenirs sont un peu vagues mais lui revient ce soir en mémoire l'analyse que fait Lénine de l'impérialisme, selon laquelle le capitalisme ne peut pas rester en place et doit toujours s'attaquer à de nouvelles régions, former de nouvelles colonies. Si le marxisme classique l'entendait au sens géographique, la situation actuelle n'est pas sans analogie. Le domaine de l'esprit, c'est une nouvelle région que le neuropsychologue soumet au capitalisme.

La fin du panoptisme

Walter a les yeux qui brillent, ses rêveries sont pleines d'ambition alors que celles de son cousin sont teintées de mélancolie. Le regard du colonel se perd dans le vague. Le ciel est orangé, sombre. John voit se dresser devant lui une haute tour, qui ressemble un peu à un phare sauf qu'une cabine vitrée en forme la partie supérieure et qu'elle est entourée d'un bâtiment circulaire percé de larges fenêtres. Chaque fenêtre ouvre sur une cellule qu'occupe un prisonnier. Depuis la cabine centrale, John peut observer les gestes des prisonniers disposés ainsi en cercle autour de lui. Cette prison est conçue sur le modèle du Panopticon de Bentham : un seul homme peut surveiller une multitude de prisonniers et, sous ce regard qui ne s'interrompt jamais, les prisonniers d'eux-mêmes se disciplinent. John sait bien qu'il n'est pas lui-même toujours installé dans la cabine. À certains moments, il occupe plutôt une cellule : on l'observe à son tour. Le FBI fait l'objet de contrôles. Cela, Trams l'accepte parfaitement. Mais il avait toujours conçu la surveillance – qu'il l'exerce ou qu'elle s'exerce sur lui – sous le modèle panoptique : un individu au centre dont la fonction est d'en observer une multitude d'autres[1].

Quand il a commencé à travailler avec Smart, il n'a d'abord vu dans le lecteur de cerveau qu'une extension, une extension du reste accessoire, de ce panoptisme. Le lecteur de cerveau devait permettre d'observer aussi les pensées, les intentions et, ainsi, prolongeait en quelque sorte le regard du surveillant, le rendait plus profond ou le faisait passer de la surface des corps à l'intérieur même des têtes. Ce prolongement n'était pas même nécessaire puisque, dans le modèle panoptique, la visibilité permanente des prisonniers et la conscience qu'ils en avaient devaient suffire à les discipliner, à leur ôter de la tête les mauvaises pensées ou, du moins, à priver celles-ci de tout effet.

Seulement, les derniers développements ont rendu caduque ce modèle. L'idée de Smart est que chacun doit posséder l'appareil qui observe les pensées des autres. Parce que c'est la seule façon de rendre opérationnel le lecteur de cerveau : il faut que chacun puisse entraîner la machine. Or ce n'est pas simplement que chacun peut observer les autres, à tour de rôle, et pour ainsi dire monter dans la cabine vitrée du surveillant. En réalité, celle-ci disparaît. Il n'y a plus de position privilégiée d'où part le regard qui contrôle. L'architecture du Panopticon s'écroule d'un seul coup. La structure différenciée, prisonniers

1. M. Foucault, *Surveiller et Punir*, Paris, Gallimard, 1975.

versus surveillant, s'effondre. Tout le monde est logé à la même enseigne. On s'observe les uns les autres et il n'y a plus de surveillant. Ou, du moins, le surveillant n'en voit pas plus que les autres. Son rôle est d'agir en fonction de ce qu'il voit mais, ce qu'il voit, tout le monde le voit aussi.

Par ailleurs, de façon évidente, le modèle panoptique se concentrait sur les gestes, les corps visibles, considérant l'intérieur des têtes, l'intériorité, comme un domaine privé, inaccessible mais en dernier ressort sans effet, alors que le lecteur de cerveau supprime cette distinction pour ouvrir l'intérieur des têtes à la visibilité : considérer l'intériorité comme un domaine de même nature que les gestes visibles qu'elle commande, un centre homogène à sa périphérie.

Ce dernier renversement, ontologique, n'a que peu d'importance aux yeux de Trams. La mélancolie du colonel tient à l'effondrement du modèle panoptique, tel qu'il l'avait envisagé jusqu'ici, et la disparition de la position de surveillant. C'est sa propre disparition qu'il entrevoit : une nouvelle forme de contrôle dans laquelle son rôle a disparu ou, du moins, est devenu tout à fait secondaire.

6

Le mensonge et l'« intention »

Le détecteur de mensonges

Les intentions ne se laissent pas capturer aussi facilement que les images et les gestes que le sujet esquisse dans sa tête. Peut-être est-ce simplement que nos intentions ne sont pas, de l'intérieur, des objets aussi bien définis que les images qui nous passent devant les yeux de l'esprit ou les gestes que, en effet, nous pouvons mimer par la pensée. Il n'y a pas de magie du côté de l'intention. Il faut néanmoins mentionner un appareil, qui s'apparente par certains côtés à un lecteur d'intentions, le détecteur de mensonges.

Certaines zones de notre cerveau semblent, en effet, entrer en activité quand nous nous efforçons de mentir ou, de façon plus générale, de tromper notre interlocuteur, de sorte qu'il est possible, en analysant au moyen d'un ordinateur bien entraîné la configuration de l'activité cérébrale, de déterminer si, oui ou non, le sujet est en train de mentir. Les savants sont bien conscients du genre d'application dont est susceptible un détecteur de mensonges : « L'identification du mensonge est d'une importance énorme, non seulement pour les interactions sociales quotidiennes mais aussi pour les enquêtes criminelles et la sécurité nationale. »[1]

1. J. D. Haynes, G. Rees, « Decoding Mental States from Brain Activity in Humans », *op. cit.*, p. 529.

Il existe déjà plusieurs entreprises, privées, commercialisant de tels détecteurs de mensonges fondés sur la neuro-imagerie[1].

Malgré les résultats obtenus en laboratoire, ces détecteurs de mensonges et la perspective de leur application dans la vie, hors des laboratoires, font l'objet de critiques de la part des savants eux-mêmes[2]. Dans quelle mesure peut-on utiliser ces détecteurs de mensonges dans les tribunaux par exemple[3] ? Et comment alors établir la fiabilité de ces appareils ?

Le sujet parle pendant que l'on scanne – une IRM fonctionnelle – son cerveau. La machine analyse son activité cérébrale. Elle a été entraînée, en laboratoire, sur une population plus ou moins nombreuse à corréler le mensonge ou l'intention de tromper – je reviendrai sur cette nuance – à une certaine configuration des zones actives. Elle est censée être capable ensuite de reconnaître dans l'activité cérébrale d'un sujet quelconque la trace de l'intention de tromper. Néanmoins, ce passage, d'une population à un individu, ne se fait jamais avec exactitude et c'est, en laboratoire même, toujours avec une marge d'erreur, autour de 10 %, que la machine distingue le mensonge. C'est une première difficulté pour utiliser le détecteur de mensonges dans les tribunaux, où l'erreur ne pourra pas être corrigée par le sujet.

La seconde difficulté tient à cette différence entre les situations de laboratoire et les situations réelles, celles-ci ont un enjeu alors que celles-là n'en ont pas. Le sujet en laboratoire ment ou dit la vérité, comme on le lui demande, sans que cela ait aucune importance pour lui. Au tribunal, en revanche, son avenir tout entier peut dépendre de ce que l'on reconnaît la vérité de ses paroles. Or il est tout à fait possible que l'application que

1. Les plus connues sont No Lie MRI et Cephos.

2. Notamment K. I. Sip, A. Roepstorff, W. McGregor, C. D. Frith, « Detecting Deception : Scope and Limits », *Trends in Cognitive Science*, vol. 12, n° 2, 2007, p. 48-53.

3. B. Baertschi, *La Neuroéthique*, Paris, La Découverte, 2009, rapporte plusieurs cas où ces détecteurs de mensonges ont déjà été utilisés dans des tribunaux aux États-Unis et en Inde.

le sujet met à dire la vérité mobilise les mêmes zones de son cerveau que la tentative de tromper[1]. De sorte qu'un suspect qui s'efforce de convaincre l'interrogateur ou la machine qu'il sait lui observer le cerveau peut se trouver par là même repéré comme étant en train de mentir. L'utilisation de détecteurs de mensonges hors du laboratoire, dans des situations réelles, semble ainsi augmenter les possibilités d'erreur, et cela sans que l'on puisse véritablement en mesurer la probabilité.

Face à cette incertitude, il y a deux solutions. Ou bien interdire l'usage de ces détecteurs de mensonges hors du laboratoire jusqu'à ce que l'on ait pu étudier l'influence de ce « réel » sur le cerveau. Ou bien, au contraire, placer un scanner dans chaque commissariat et, systématiquement, faire analyser à la machine l'activité cérébrale des suspects lors de l'interrogatoire. L'enquête montre ensuite si ceux-ci mentent ou disent la vérité. On l'indique à la machine et, disposant de cette masse de données, la machine finira bien d'elle-même par isoler l'intention de tromper et la distinguer de l'application à dire la vérité. Peu importent donc les difficultés théoriques actuelles, sortons la machine du laboratoire et lançons-la dans la vie.

« Une approche fondée sur les données [...] n'exige aucune théorie neuro-cognitive du mensonge ou de la tromperie. Il suffit seulement d'obtenir de nouvelles données en utilisant la neuro-imagerie dans de véritables enquêtes criminelles. On aurait alors des scénarios au plus haut point réalistes, en particulier lorsque l'on ne sait pas encore si le suspect a commis un crime ou non. Les cas où des preuves extérieures sont ensuite découvertes permettraient d'entraîner le programme. Ainsi, l'efficacité d'un détecteur de mensonges fondé sur la neuro-imagerie serait clairement validée, ce qui est plus que ce que l'on peut dire d'autres méthodes couramment utilisées pour établir la vérité. [...] Ce devrait être un impératif éthique que d'utiliser les meilleures

1. J. W. VanMeter, « Neuroimaging », *in* J. J. Giordano et B. Gordijn (dir.), *Scientific and Philosophical Perspectives in Neuroethics*, *op. cit.*, p. 238.

méthodes disponibles pour détecter la tromperie. »[1] Curieuses sciences, les neurosciences n'ont pas besoin de théorie. Il leur suffit de disposer de données et d'une machine qui analyse ces données. Des cerveaux qui mentent, des cerveaux qui disent la vérité, et la machine se débrouille pour les distinguer.

Qu'y a-t-il de fantastique à imaginer des scanners dans les commissariats et des ordinateurs qui s'entraînent à détecter l'intention de tromper dans les cerveaux des suspects[2] ? Et l'idée que cette interrogation mécanique relève d'un « impératif éthique » a-t-elle quelque chose d'effrayant ? Du point de vue de la fiction, il me semble en tout cas que le savant est ici sur la mauvaise voie. C'est, à peu de chose près, celle qu'a déjà empruntée Smart, la voie policière, et il a dû rebrousser chemin. L'idée de confier la détermination de nos intentions à des machines, l'intention de faire sauter la tour Eiffel ou celle de tromper, et la définition du mental qui s'ensuit nous touchent de trop près pour que nous puissions accepter que cette révolution nous soit imposée de l'extérieur par la police ou le colonel Trams. Ceux-ci sans doute ont un rôle à jouer mais il faut, je crois, que nous aussi puissions y participer ou, mieux, réaliser nous-mêmes cette révolution. C'est cette deuxième voie qu'explorera bientôt Smart. Mais quelques mots s'imposent encore sur le détecteur de mensonges.

1. J. D. Haynes, « Detecting Deception from Neuroimaging Signals », *Trends in Cognitive Sciences*, vol. 12, n° 4, 2007, p. 127.

2. Cf. aussi un récent article dans le journal *Le Monde* rapportant les travaux de chercheurs allemands qui affirment pouvoir identifier les « pédophiles » d'après leur cerveau grâce à une IRMf, dans une expérience comparable à celles discutées ci-dessus au chapitre 4. « Nous allons maintenant tester cette méthode chez des sujets qui ne se reconnaissent pas comme des pédophiles, car le but est de pouvoir détecter ceux qui nient », conclut le professeur Jorge Ponseti. (*Le Monde*, supplément « Science et techno », 8 octobre 2011.)

Le mensonge et l'intention de tromper

C'est seulement dans un certain contexte, un contexte social, que l'on peut affirmer de tel énoncé qu'il s'agit d'un mensonge. Voici deux savants qui, après avoir entraîné leurs machines toute la matinée à distinguer le mensonge et la vérité, s'apprêtent à quitter le laboratoire pour aller déjeuner. Ils prennent leur manteau sur la patère près de la fenêtre. Il pleut à torrents dehors. L'un dit à l'autre : « Il fait vraiment un temps merveilleux. » C'est de l'ironie, évidemment, pas du mensonge. Maintenant, imaginons que celui auquel s'adresse cette phrase soit aveugle. Dans quelle mesure parlerait-on alors d'un mensonge ? Ce pourrait être une plaisanterie, odieuse, que l'un des savants fait à l'autre, aveugle, qui ne sait pas qu'il pleut : lui dire qu'il fait beau pour qu'il sorte sans son manteau. Mais cette plaisanterie est justement de si mauvais goût – et étrangère à l'idée que l'on se fait de savants préoccupés de questions éthiques – que l'on hésiterait à parler de mensonge. On penserait plutôt que le savant qui plaisante ainsi est fou. On verrait un effet de la folie dans cet énoncé qui sortirait alors de l'opposition entre mensonge et vérité : on ne dit pas d'un fou qui délire qu'il ment. En revanche, s'il est prononcé au téléphone pour engager un troisième larron à venir passer quelques jours dans le laboratoire, le même énoncé est certainement un mensonge.

On connaît aussi les deux marchands, ceux de Freud dans *La Psychopathologie de la vie quotidienne*, qui se croisent sur le quai d'une gare. « Où vas-tu ? » demande le premier. « À Cracovie », répond le second. Le premier réfléchit, puis demande : « Mais pourquoi tu me dis que tu vas à Cracovie, alors que tu vas à Cracovie, pour que je croie que tu vas à Varsovie ? »[1] Le marchand qui affirme se rendre à Cracovie pour faire croire à

1. S. Freud, *La Psychopathologie de la vie quotidienne*, S. Jankélévitch, Paris, Payot, 2001, p. 205.

l'autre qu'il est en route vers Varsovie, alors qu'il va réellement à Cracovie, est-il en train de mentir ? Quoi qu'il en soit, mentir, ce n'est pas simplement affirmer A en sachant que non A : dire qu'il fait beau alors que je vois qu'il pleut. Ce sont seulement les circonstances, certains jeux sociaux qui font d'un énoncé un mensonge ou de la situation une occasion de tromperie, et des jeux qui ne sont pas précisément définis.

Tout en qualifiant leur dispositif de détecteur de mensonges, les savants, conscients de l'ambiguïté du terme de mensonge, lui donnent souvent comme objet une « intention de tromper ». C'est l'intention de tromper qui définirait le mensonge, au sens exact, et l'intention de tromper que l'ordinateur décèlerait dans le cerveau du sujet. Les deux notions, le mensonge, au sens usuel, et l'intention de tromper, ne sont pas équivalentes. L'assistant fou qui cache à son collègue aveugle qu'il pleut et le marchand qui se rend à Cracovie ont certainement l'intention de tromper bien qu'il ne soit pas clair qu'ils mentent. Inversement, on peut mentir par compulsion et sans avoir, à proprement parler, l'intention de tromper. D'autre part et surtout, les critères qui définissent le mensonge et l'intention de tromper ne sont pas les mêmes. C'est le sujet qui peut dire s'il a ou non l'intention de tromper. Dans le cas des deux marchands, celui qui affirme se diriger vers Cracovie sait s'il a ou non voulu tromper l'autre, et celui-ci peut seulement inférer, des circonstances ou des habitudes de son collègue, l'intention sous-jacente à ses paroles. Cette inférence ne sera considérée comme valide qu'à la condition qu'elle s'accorde à l'intention que le marchand en voyage sait, de façon immédiate, posséder. Si le marchand avouait aller à Cracovie dans un soudain élan de sympathie pour son collègue et si celui-ci lui prêtait cependant l'intention de tromper, il faudrait bien conclure que ce marchand qui raisonne est trop méfiant et fait erreur.

Il n'y a plus d'ambiguïté, ni de jeu social qui importe, dans l'intention de tromper. Le sujet sait s'il a ou non l'intention de tromper. Il suffit de le lui demander. C'est à la fois l'avantage et la difficulté de cette référence à l'intention de tromper. D'un côté, la définition et les conditions d'attribution de l'intention de tromper sont claires mais, d'un autre côté, ce dispositif semble exiger la coopération du sujet. Celle-ci est sans doute acquise dans le laboratoire, mais comment s'en assurer lorsque l'on opère dans les commissariats ?

On pourrait vouloir se passer de la coopération du sujet, la court-circuiter par une enquête dans les faits. Si l'enquête met en évidence le caractère erroné du récit offert par le suspect, on indique alors à la machine une intention de tromper. Mais, dans cette optique, ce n'est plus tout à fait l'intention de tromper que l'on vise. Car, en principe, répétons-le, c'est le sujet qui sait s'il a eu l'intention de tromper ou, par exemple, s'il a été pris d'une hallucination qui lui a fait voir la scène autrement ou d'un délire, le jour de l'interrogatoire, qui l'a amené à faire ce récit un peu fantasque.

Dans nos usages actuels, l'intention du sujet n'est connue de son interlocuteur qu'après une inférence qui doit pouvoir être confirmée par le sujet lui-même. Or, pour sortir du laboratoire le détecteur de mensonges, il faut pouvoir se passer de la coopération du sujet et, par conséquent, renoncer à viser ses « intentions » ou modifier le sens du mot « intention ». À la limite, il faudrait pouvoir dire que le sujet n'a pas conscience de ses « intentions », qu'il ne les connaît pas mieux que la machine qui examine son cerveau. C'est sans doute possible, nous pouvons bien confier ainsi nos « intentions » à la machine, mais que gagnerons-nous en échange ? La possibilité d'interroger mécaniquement les suspects dans les commissariats ? Cela ne suffit pas. Nous avons besoin d'une motivation supplémentaire. Répétons-le, la voie policière n'est pas la bonne.

L'irréductible sujet

La perspective de l'utilisation d'un détecteur de mensonges manifeste une autre difficulté. Le cerveau peut-il, par la structure de son activité, lancer un message comme « Je mens » ou « Je suis en train de chercher à vous induire en erreur » ? Bien sûr, ce n'est pas possible. Si le cerveau signifiait « Je mens », ce serait un objet contradictoire et l'on ne saurait pas même s'il ment. Car s'il ment, il dit alors la vérité, et s'il dit la vérité, il ment.

Ce n'est pas de cette façon que la scène se passe. Un sujet est en train de parler. On examine son cerveau dont la structure indique : « *Il* ment » – « Il », c'est-à-dire le sujet qui parle. Et celui-ci, qui est en effet en train de mentir, se dit que son cerveau l'a trahi. Le sujet est donc irréductible à son cerveau. *Je* ne suis pas mon cerveau, puisque celui-ci peut indiquer par-devers moi, derrière mon dos en quelque sorte, le caractère mensonger de mes paroles. Il se pourrait que chacun de mes états mentaux, l'impression de tristesse ou de joie, et chacune de mes pensées soient inscrits ou possèdent son corrélat dans mon cerveau, il n'en resterait pas moins que, en tant que sujet, *je* ne me confonds pas avec mon cerveau ni ne me réduis à ce que l'on peut découvrir dans mon cerveau. Peut-être aucun contenu ne permet de distinguer le sujet de son cerveau. *Je* n'aurais aucun contenu à part si chaque contenu, émotions, pensées, s'exprime et se lit dans mon cerveau. L'esprit pourrait être tout entier réfléchi dans le cerveau, le sujet demeurerait irréductible à celui-ci : un *je* qui est autre que son cerveau et ce qui s'y exprime, un *je* qui peut penser de son cerveau : « Il *me* trahit. »

Les « intentions », conscientes et inconscientes

Le sujet est placé devant un écran. Il sélectionne en appuyant sur le bouton correspondant l'opération qu'il va accomplir, une addition ou une soustraction. Après un délai variant entre deux et dix secondes, deux nombres lui sont donnés que le sujet, dans sa tête, additionne ou soustrait l'un à l'autre. L'écran change, quatre nombres apparaissent parmi lesquels le sujet sélectionne le résultat de son opération, ce qui permet de vérifier qu'il a bien effectué l'opération, addition ou soustraction, d'abord choisie. Dans l'intervalle de temps qui sépare le choix de l'opération et son accomplissement, on scanne le cerveau du sujet. Les données sont transmises à un ordinateur qui, bien entraîné, réussit à deviner, avec une marge d'erreur, si le sujet a l'« intention » d'additionner ou de soustraire ces deux nombres.

Je lis le compte rendu de cette expérience dans un article de 2007[1]. La différence avec l'expérience que j'ai entendu décrire, lors de ce colloque à Berlin dont j'ai parlé, et qui a ensuite motivé les recherches du docteur Smart, dans ce futur virtuel de la fiction, est que l'on imposait au sujet une opération à accomplir, alors que, ici, il la choisit librement. Librement n'est peut-être pas du reste le mot exact.

À nouveau, le sujet est placé devant un écran sur lequel des lettres défilent : une lettre au milieu de l'écran qui change toutes les demi-secondes. Il y a en dessous de l'écran deux boutons, un à gauche et un à droite, sur lesquels le sujet peut appuyer au moyen de l'index de la main gauche ou de celui de la main droite, respectivement. On demande au sujet d'appuyer sur l'un des deux boutons quand il en sent l'« envie » ou le « besoin » (l'expression en anglais est « *when he feels the urge* ») et de garder en mémoire la lettre affichée à l'écran au moment où il prend cette décision d'appuyer sur le bouton. L'expérimentateur sait dans quel ordre les lettres défilent à l'écran et à quel instant telle lettre s'est affichée. En demandant au sujet la lettre qui figurait sur l'écran au moment où il a décidé d'appuyer sur

1. J. D. Dylan, K. Sakai, G. Rees, S. Gilbert, C. Frith, R. E. Passingham, « Reading Hidden Intentions in the Human Brain », *Current Biology*, vol. 17, février 2007, p. 323-328.

l'un des boutons, l'expérimentateur sait ainsi exactement, à la demi-seconde près, à quel moment la décision a été prise. Tout au long de l'expérience, on scanne le cerveau du sujet et un ordinateur bien entraîné peut déterminer, avec un certain pourcentage d'erreurs, si le sujet s'apprête à appuyer sur le bouton droit ou sur le bouton gauche plusieurs secondes avant que le sujet n'en prenne consciemment la décision[1]. Comme si donc le cerveau en avait pris lui-même la décision sans que le sujet en ait conscience, plusieurs secondes avant que le sujet n'en prenne conscience.

Une expérience célèbre de Benjamin Libet datant des années 1980 montrait déjà que le cerveau porte la trace de ce que le sujet s'apprête à réaliser une action – appuyer sur un bouton – avant que le sujet n'ait conscience d'avoir pris la décision de réaliser cette action. Mais cette activité typique – en anglais, le «*readiness potential*» – dans le cerveau du sujet ne pouvait être repérée que quelques dixièmes de seconde avant la décision. Bien que le délai soit variable dans l'expérience plus récente que je viens de retracer et que, pour cette raison, celle-ci a été critiquée[2], il s'agit apparemment de secondes durant lesquelles l'expérimentateur sait que le sujet appuiera sur le bouton droit ou le bouton gauche, alors que le sujet lui-même ne semble pas en avoir conscience.

La direction dans laquelle s'engagent ces recherches n'est pas claire et les savants eux-mêmes ne sont pas sûrs de l'interprétation qu'il faut donner à ces expériences. Ce n'est pas,

1. C. S. Soon, M. Brass, H. J. Heinze, J. D. Haynes, « Unconscious Determinants of Free Decisions in the Human Brain », *Nature Neuroscience*, vol. 11, n° 5, mai 2008, p. 543-545.

2. Plus précisément, dans l'article précédemment cité, J. D. Haynes et son équipe obtiennent, pour certains sujets, des résultats corrects dans plus de 75 % des cas. Cependant, pour d'autres sujets, on ne réussit pas à dépasser un pourcentage de 55 %, pourcentage qui n'est pas significatif, puisque si l'ordinateur répondait au hasard ses réponses seraient correctes à 50 %. Rien n'explique pourquoi l'expérience fonctionne pour certains sujets et échoue pour d'autres.

en tout cas, que le sujet ne fait que suivre ou entériner en en prenant conscience les décisions de son cerveau. On a vu que le cerveau, dans les interfaces cerveau-machine, pouvait se soumettre à des mouvements volontaires. Dans une expérience comme celle de Benjamin Libet encore, le sujet peut annuler pour ainsi dire l'action à laquelle son cerveau s'est préparé. Au dernier moment, au lieu d'appuyer sur le bouton, comme il en avait l'« envie », il y renonce, il laisse retomber la main ou se contente d'imaginer appuyer sur le bouton mais ne réalise pas l'action. La machine qui analyse son cerveau ne voit pas venir cette sorte de veto que met le sujet à l'action décidée par son cerveau. Elle a repéré que le sujet s'apprêtait à appuyer sur l'un des boutons et ne réussit pas à prévoir ce veto qu'il exerce finalement[1]. Donc on ne sait pas qui décide des actions à accomplir, le cerveau ou le sujet.

Par ailleurs, il faut dire que ces dispositifs représentent des situations très abstraites : le sujet est enfermé dans un scanner et il attend de ressentir le « besoin » d'appuyer sur l'un des deux boutons. En moyenne, il appuie sur un bouton toutes les vingt secondes, à peu près, et aussi régulièrement sur le bouton droit que sur le gauche. Dans la vie, un sujet devant des boutons ressent-il le besoin d'appuyer dessus toutes les vingt secondes ? Les automobilistes seraient constamment en train d'allumer et d'éteindre leurs clignotants et la simple présence d'un clavier ou d'une télécommande, même reliée à un appareil hors d'usage,

1. Remarquons cependant que cette idée de « veto », grâce à laquelle Libet entendait maintenir une sorte de liberté, a fait l'objet de nombreuses critiques. (Cf. notamment P. Haggard, « Human Volition : Towards a Neuroscience of the Will », *Nature Reviews Neuroscience*, vol. 9, décembre 2008, p. 934-946 ; A. Mele, « Proximal Intentions, Intention-Reports, and Vetoing », *Philosophical Psychology*, vol. 21, 2008, p. 1-14.) De façon plus générale, le principe qui sous-tend toutes ces expériences, consistant à « dater » la décision du sujet en référence au défilement d'une série de lettres sur l'écran, est sévèrement critiqué par D. Dennett et M. Kinsbourne. (« Time and the Observer », *Behavioral and Brain Sciences*, vol. 15, 1992, p. 183-247.)

suffirait à nous rendre fous. Il est certain que, si les savants sortaient de leur laboratoire pour entraîner leurs machines dans la vie, leurs résultats en seraient modifiés du tout au tout.

Concernant les intentions et les décisions, conscientes et inconscientes, les neurosciences semblent rester balbutiantes. Il ne s'agit que de déceler dans le cerveau des gestes élémentaires, appuyer sur un bouton, et abstraits, sans rapport à la vie. De ce côté, les expériences réalisées n'ont pas le caractère spectaculaire, la magie, de celles qui permettent de lire dans le cerveau les images que le sujet perçoit ou donnent une effectivité réelle aux gestes que le sujet se contente d'imaginer. Pourtant, c'est seulement en accédant – même indirectement – aux « intentions » du sujet qu'un lecteur cérébral, cet appareil dont rêvent les neurosciences, un *brain reader*, pourra changer notre vie. Le grand problème de la vie, de l'amour par exemple, est de savoir ce que l'autre pense et ce dont il a l'intention. C'est avant tout cela son « intériorité », son « esprit » : ces émotions, ces images, ces pensées mais aussi ces intentions qu'il cache et auxquelles nous n'avons pas accès.

Il ne s'agit pas de chercher à *savoir* ce que vont devenir les neurosciences ou quels seront les résultats d'expériences qui n'ont pas encore été tentées. Il suffit de l'*imaginer*, dans une fiction, pour dégager alors une virtualité contenue dans l'idée de la pensée qui anime les recherches des savants et dans la forme sociale qui rend celles-ci possibles.

7

Le développement du BR : 2020-2035

Décembre 2021

Un an et demi à peine s'est écoulé depuis ce déjeuner qui a réuni Smart et les deux cousins Trams. Les BR, les *brain readers*, les lecteurs cérébraux, sont lancés sur le marché dans la période qui précède Noël : « Partagez vos souvenirs ! » lit-on sur les affiches publicitaires. C'est un succès immédiat. Les BR se vendent comme des petits pains, bien au-delà des prévisions de Walter Trams.

Les premiers modèles sont pourtant de très mauvaise qualité. Ils ressemblent à de gros ordinateurs que l'on relie à un écran d'un côté et de l'autre à un casque que porte l'utilisateur. L'appareil est vendu avec des disques où figurent de petits films qu'il faut regarder des heures avec le casque sur la tête pour que la machine apprenne à reconnaître les images dans le cerveau de l'utilisateur. Et même bien entraîné, le BR ne reconnaît pas précisément les visages. Il faut les lui donner. L'utilisateur doit ensuite enregistrer des photographies de ses proches, les enfants, les grands-parents, les amis. Ces informations ne sont pas stockées dans l'appareil lui-même mais sur un site Internet auquel l'utilisateur s'est abonné en achetant son BR. C'est une sorte de fichier sur lequel on inscrit ses parents et amis, avec leurs photographies. Le même site contient par ailleurs un nombre immense de scénarios-souvenirs et de paysages, des quatre coins de la planète. L'utilisateur indique à l'appareil dans quelle région du globe se déroulent ses souvenirs. C'est seulement après cette préparation que l'on peut commencer à montrer ses souvenirs. Le casque sur la tête, on se concentre sur une scène de vacances et le BR l'affiche à l'écran. Ou, plus exactement, il trouve parmi les scénarios dont il dispose un film qui s'apparente au souvenir de l'utilisateur et colle un paysage dans le fond – le type de végétation dépendant par exemple de la région où vit l'utilisateur – et les visages des enfants sur les silhouettes anonymes qui courent sur la plage.

La constitution préalable de scénarios-souvenirs était nécessaire au bon fonctionnement des BR, ne serait-ce que parce que personne ne se souvient d'une scène de vacances dans tous ses détails, comme une image, une photographie ou un film. On se souvient d'une atmosphère, de certains gestes, mais le souvenir n'a pas la netteté égale d'une image sur un écran. Or il fallait justement pouvoir afficher une image sur un écran et, par conséquent, transformer le souvenir, éliminer ce qu'un souvenir peut garder de confus. Par ailleurs, la compagnie Trams qui commercialise le BR a filmé ou recréé à partir de films existants un nombre colossal de scénarios-souvenirs : toutes sortes de plages, de baignades, de jeux de ballons, de jeux de raquettes, des promenades au coucher du soleil, des pique-niques, etc. Le BR commet des erreurs grossières mais elles ne sont pas dans le scénario lui-même. L'utilisateur se souvient des enfants qui jouent à la balle sur la plage. En reconnaissant dans le cerveau de l'utilisateur la tache blanche du ballon sur le fond bleu de la mer, le BR passe en revue les scénarios de la rubrique « jeux d'été ». Il sait où l'utilisateur habite et où il passe ses vacances. Il choisit une plage dans cette région et pose des visages sur les silhouettes. Les enfants sans doute ne faisaient pas ces gestes, le ballon ne rebondissait pas de la même façon, mais on ne se souvient pas avec exactitude de la trajectoire du ballon. Les baigneurs que le BR a placés autour ne sont pas ceux qui se trouvaient sur la plage ce jour-là mais, ces derniers, on les a oubliés, ils n'importent donc pas.

Les erreurs du BR, celles que l'on remarque et qui font rire tout le monde, sont d'un autre genre. C'est la grand-mère, par exemple, que le BR n'a pas reconnue et qui se trouve remplacée, dans le film qui passe à l'écran, par un petit homme portant une barbe noire. Mais on peut corriger le film en indiquant à l'appareil que cette silhouette appartenait à la grand-mère ou que, à tel moment, tel enfant est tombé dans l'eau ou qu'il portait le short et le tee-shirt bleu de son équipe de football. Le BR efface le visage de bandit barbu qu'il avait choisi au hasard pour le remplacer par celui de la grand-mère, cherche dans ces scénarios une chute qui corresponde à celle qu'on lui indique et, s'il ne trouve pas l'équipe de football de l'enfant dans les données dont il dispose, il demande qu'on lui donne une photographie du maillot.

Une fois l'appareil entraîné, les films-souvenirs que l'on peut ainsi réaliser sont somme toute assez convaincants et, du moins, les séances de visionnage tout à fait divertissantes. On n'a gardé dans sa mémoire que les scènes les plus frappantes et les films que l'on en tire sont en effet beaucoup plus drôles et personnels que ces heures de plage enregistrées au caméscope. On peut aussi récupérer des souvenirs d'enfance avec plus ou moins de netteté, parce qu'il y manque certains visages ou que les visages qui étaient alors jeunes sont reconstitués d'après des photographies récentes et ont les traits ridés de la vieillesse. Selon le même principe, en se concentrant sur la scène le casque sur la tête, on peut aussi tourner sans bouger de chez soi des films imaginaires.

Les caméras de toutes sortes, les appareils photographiques sont donc rangés dans les placards puis jetés au recyclage. Il faut dire que, au fur et à mesure que l'usage du BR se généralise, la qualité des films-souvenirs s'améliore. Ce n'est pas seulement que la technique progresse et que, par les corrections apportées, l'appareil continue toujours de s'entraîner et connaît de mieux en mieux les mécanismes cérébraux de chacun des utilisateurs. C'est aussi la multiplicité même des utilisateurs qui permet de préciser les films-souvenirs de chacun d'eux.

On indique à l'appareil que le souvenir se déroule tel jour du mois de juillet sur telle plage – n'importe où dans le monde, le BR, le site Internet auquel il est relié, les connaît toutes. Puis on se concentre sur la scène des enfants qui jouent au ballon. On a grondé l'aîné qui, pour rattraper la balle, avait marché sur la serviette d'un voisin et laissé des traces de sable. On revoit très bien les pas dessinés sur le drap de bain rouge. Comme le voisin a lui-même enregistré ses souvenirs, le BR le retrouve parmi les utilisateurs qui se sont rendus sur la même plage, au mois de juillet. Et le voici sur le film-souvenir, tout au fond de l'image, qui sort de l'eau furieux. C'est un moustachu. On l'avait oubliée, cette moustache, mais on la reconnaît après coup.

La machine reconnaît donc maintenant les visages, en procédant par recoupement dans ses fichiers. Les films qu'elle produit sont plus précis que nos propres souvenirs. Mieux, du reste, ils deviennent nos souvenirs. On sait comment à force de regarder une photographie le souvenir se calque sur l'image et s'efface finalement pour être remplacé par cette image enregistrée par l'appareil photographique. Le même phénomène se produit ici. Sur la plage, on enregistre dans sa mémoire les jeux des enfants en pensant déjà au film qu'en tirera le BR. On voit la scène du même œil que le BR, la scène telle que la montrera le BR et en effet, lorsque le BR la montre, la reconstitution semble parfaite. On peut oublier la scène. Puisqu'elle est enregistrée sur le BR, telle que l'on s'en souvient, il est inutile de s'en souvenir. Nos souvenirs ont maintenant la forme de petits films sur un écran de télévision et ils ne sont plus stockés dans nos têtes mais dans un réseau de machines.

Parallèlement dans les commissariats

Le général John W. Trams, l'ami le plus proche du génial Smart, a en effet milité pour la conception et la diffusion de BR spécialement adaptés aux enquêtes policières. Ce sont des modèles plus sophistiqués que ceux que l'on achète dans le commerce. Comment en effet demander au suspect de se ressouvenir de la scène du meurtre pour la visualiser à l'écran et établir sa culpabilité ? Les témoins collaborent en général à l'extraction de leurs souvenirs mais les informations que l'on peut y glaner ne suffisent pas toujours à résoudre l'affaire.

Les BR de la police sont donc équipés d'un détecteur de mensonges. Le suspect porte un casque pendant l'interrogatoire et le BR analyse les informations qu'il saisit ainsi. Il reconnaît l'intention de tromper et certains éléments susceptibles de déterminer le comportement de la personne, la douleur, la peur, l'hostilité. L'appareil pourrait aussi reconnaître les impressions et les sentiments opposés, le plaisir, la sympathie, l'amour, mais ceux-ci sont rarement dominants lors des interrogatoires de police.

Ce détecteur de mensonges a été testé par le FBI au cours de l'année 2019. Un certain nombre d'affaires ont permis d'établir le bon fonctionnement de la machine. Dans un cas très curieux, le suspect avait probablement oublié lui-même cet horrible meurtre et, pour autant qu'on puisse s'en rendre compte, n'avait pas conscience de mentir au moment de l'interrogatoire. L'appareil l'avait pourtant repéré immédiatement. L'homme avait ensuite été reconnu par un témoin. Un seul témoin sans doute, mais avec la machine cela faisait deux. L'homme avait été condamné. Leur meurtrier donc, c'était bien lui et il mentait sans le savoir. L'affaire, rapidement résolue, a convaincu tout le monde de l'intérêt à généraliser l'usage du BR.

Le FBI a amorcé le mouvement, puis toutes les polices du monde ont peu à peu suivi cet exemple et commandé leur détecteur de mensonges chez Walter J. Trams. Le verdict de la machine est maintenant considéré comme une preuve contre le suspect. En fait, un suspect qui est reconnu mentir par le BR est toujours condamné. On peut donc dire que le BR fonctionne parfaitement : il permet systématiquement d'établir la culpabilité ou l'innocence du prévenu.

Influencés peut-être encore par leur premier projet, Smart et son ami Trams du FBI rêvent parfois d'ajouter à ce BR policier une nouvelle fonction qui permettrait de lire les intentions du sujet et de prévenir alors les crimes au lieu de seulement les résoudre : découvrir par exemple l'intention de faire sauter la tour Eiffel avant que cette intention ne soit réalisée.

Décembre 2026

À nouveau, c'est durant la période qui précède Noël que les BR nouvelle génération sont d'abord commercialisés. Ils représentent le résultat d'incroyables progrès technologiques. L'appareil ressemble à un téléphone portable, avec un petit écran et un clavier. Accessoirement, il peut du reste servir de téléphone. Mais il possède sur la face opposée comme deux yeux. Ceux-ci, qui à la façon du radar émettent et captent certaines ondes, réussissent à saisir la configuration en trois dimensions de l'activité du cerveau vers lequel ils sont dirigés. Il suffit donc d'allumer l'appareil et de le tourner vers une tête pour observer sur l'écran ce qui s'y passe : ce que la personne voit, imagine ou ce dont elle se souvient. Et cet examen a lieu sans qu'elle s'en doute.

Walter J. Trams a pris soin d'organiser à l'avance des comités chargés de discuter des questions éthiques liées à l'introduction de ces nouveaux appareils. Il l'a fait par précaution et sans crainte que l'on interdise ces BR. Comment résister à la tentation, enfin, de savoir ce que l'autre pense ou, sinon ce qu'il pense, ce qu'il voit de l'œil de l'esprit ? Les curieux que nous sommes tous, remarquant leur voisin rêver les yeux ouverts dans l'autobus, pourront suivre son rêve sur leur téléphone. Cela évidemment jusqu'à ce que le voisin remarque l'appareil et interrompe sa rêverie ou jusqu'à ce que, chacun possédant son BR, plus personne n'ose laisser sa pensée vagabonder dans l'autobus. Songeons aussi à cette question rituelle des amants allongés dans l'obscurité : « À quoi tu penses ? » Ils n'ont plus besoin de la poser et peuvent rester silencieux. Il leur suffit d'attraper le BR sur la table de nuit.

Le BR n'a peut-être été jusqu'à présent qu'un gadget, une autre façon de filmer les vacances ou de conduire un interrogatoire, mais le voici maintenant installé au cœur de nos vies qu'il est destiné à changer. C'est, comme le proclament les publicités de toutes sortes, une nouvelle étape pour l'espèce humaine, plus qu'une révolution sociale, une révolution biotechnologique : la naissance du nouvel homme, ou du post-humain, muni d'un sixième sens mais dépourvu d'intériorité.

Échapper au BR

Les comités d'éthique, chargés de surveiller la conception et la diffusion des BR, ont cependant exigé qu'il soit possible de rester un simple humain, de ne pas participer à la révolution qui se prépare et d'échapper au regard de la machine. Le BR est donc vendu avec un casque de métal qui est entièrement imperméable aux ondes émises par l'appareil. Sous ce casque, la tête est à nouveau opaque au BR et plus personne ne peut savoir ce qui s'y passe. Évidemment, mettre le casque, c'est, outre l'inconfort, proclamer que l'on veut garder ses pensées, ses rêveries plus exactement – les images qui passent devant les yeux de l'esprit –, secrètes et cela semble impliquer qu'elles ont quelque chose de honteux. Certains originaux portent le casque en permanence, par principe, mais ils sont rares, surtout les jours d'été, quand le soleil rend le métal presque brûlant.

Il existe, cependant, une autre façon d'échapper au BR. Il faut ajouter quelques mots sur le fonctionnement des nouveaux appareils. Chaque cerveau est différent et le lecteur ne peut pas décrypter les images errant dans un cerveau qu'il ne connaît pas à l'avance. Les BR mobiles continuent en réalité à utiliser les informations obtenues sur les anciennes machines, les BR de salon, sur lesquelles on montrait ses souvenirs. Celles-ci devaient être entraînées à reconnaître dans la tête de l'utilisateur les images et les souvenirs destinés à être affichés. Les paramètres ainsi calculés se trouvent gérés via un site Internet – de même que les scénarios de films-souvenirs – auquel les BR de nouvelle génération ont toujours accès. Par son double objectif, le BR peut reconstituer parfaitement, en trois dimensions, le visage vers lequel il est dirigé. Il s'appuie alors sur certains traits personnels – l'écartement entre les pupilles, la forme de l'oreille, etc. –, qui caractérisent la personne aussi bien que ses empreintes digitales, pour reconnaître alors sa proie et télécharger les paramètres qui permettent de lire son cerveau.

Il suffit donc d'écrire à Walter J. Trams ou à quelque employé de l'entreprise qui commercialise les BR pour demander à être rayé du réseau des usagers et à ce que soient effacées les données nous concernant. La démarche, en principe, n'est pas compliquée, c'est un simple courrier. La rumeur dit bien qu'il est plus facile de s'inscrire sur le réseau que de résilier son abonnement, mais ce n'est pas forcément vrai. Du reste, bien peu ont essayé de sortir du cercle des utilisateurs. Une fois que l'on a goûté au plaisir de partager ainsi son intériorité, que l'on bénéficie de cette nouvelle forme de communication, il est difficile d'y renoncer. Or nos données personnelles étant effacées, aucun BR ne peut plus reconnaître notre cerveau. On échappe aux machines des curieux dans la rue, mais on s'interdit du même coup soi-même d'utiliser l'appareil. Il faut se mettre à l'écart dans ces soirées entre amis, ces repas de famille où chacun « raconte » à l'écran ses vacances. Le BR est aussi un instrument de travail qui permet de donner rapidement et sans peine le compte rendu de telle réunion et les employeurs peuvent être méfiants vis-à-vis de collaborateurs qui refusent d'utiliser ces formidables produits de la technologie.

Bref, personne n'échappe au BR, sinon quelques originaux, sans travail, ni famille, ni amis.

Le mensonge

Le BR est capable de déceler les images qui passent par la tête : des images au sens large sans doute. Ce peuvent être aussi bien des mots que l'on visualise ou que l'on prononce intérieurement. Il est parfaitement possible de communiquer ou de recevoir par cette voie aérienne, télépathiquement pour ainsi dire, un numéro de téléphone. Mais ce n'est pas encore exactement saisir la pensée, ce qui se passe dans la tête de l'autre sur lequel on braque l'appareil.

Walter J. Trams ne cesse de pousser celui qui est maintenant son ami proche, George Smart, à étendre encore les fonctions de la machine. Les lecteurs utilisés par la police sont équipés d'un détecteur de mensonges, pourquoi ne pas installer cette fonction sur toutes les machines ? Ce serait si utile pour l'employeur qui veut s'assurer de la bonne foi du salarié qui revient d'un arrêt maladie, pour les parents à qui l'adolescent assure passer l'après-midi à la bibliothèque aussi bien que pour le mari jaloux. Il suffirait d'un clic pour demander à l'appareil de déceler le mensonge, l'intention de tromper. Judith, l'épouse de Walter, a la réputation d'être volage.

La vérité, que Smart se garde bien d'avouer à Trams, est que, si les détecteurs de mensonges fonctionnent dans les commissariats, ils ne fonctionnent pas dans la vie. Le savant ne sait pas pourquoi. Mais les tests sont formels. Interrogés, nous disons, pour la plupart d'entre nous, nous laver les dents trois fois par jour alors que, en considérant la quantité de dentifrice vendue par an, on sait que nous nous lavons les dents à peine un peu plus d'une fois par jour. Smart réunit un échantillon représentatif de la population et, en admettant même qu'une personne qui selon le BR ment ne se lave jamais les dents, obtient une moyenne de deux lavages de dents par jour. Il n'y a pas de doute, les paresseux, les désinvoltes, ceux qui ne se lavent pas les dents, passent en toute impunité à travers les mailles du BR.

Un autre test consiste en une série de questions quant à l'activité sexuelle. Les résultats sont catastrophiques. Le BR ne repère pratiquement aucun mensonge, ni mâles vantardises ni prudes omissions, et plonge Smart dans la perplexité.

Un soir après le dîner, le savant en parle à Rosa, qui lui répond sans y penser que peut-être le mensonge est ici si naturel qu'il n'en est plus un. George s'éloigne pensivement. Mais, le lendemain, il téléphone à Walter pour lui annoncer qu'il a mis au point un nouveau système de détection du mensonge. L'entrepreneur le félicite chaleureusement. Les lecteurs qui possèdent cette fonction « mensonge » réservée jusqu'alors à la police sont commercialisés en décembre 2028. Trams organise une grande campagne publicitaire. Il s'agit d'engager les utilisateurs à changer les appareils qui sont, pour les plus anciens, vieux de deux ans.

Smart, en réalité, a suivi à la lettre la suggestion de sa femme, considérant que certains mensonges de la vie n'en sont pas et qu'il est donc normal qu'un détecteur ne les repère pas. L'appareil commercialisé est celui dont les tests semblaient montrer l'inefficacité. Le savant est inquiet bien qu'il s'efforce de suivre l'exemple de Walter qui, depuis qu'il a testé Judith, son épouse – laquelle ne mentait pas –, vit sur un nuage. Le fait est que les nouveaux appareils se vendent très bien. Noël puis l'hiver passent et personne ne se plaint du détecteur de mensonges.

C'est peut-être que l'appareil une fois entraîné dans la vie par des millions d'utilisateurs détecte en effet nos mensonges. C'est peut-être que, comme le croyait Rosa, certains écarts par rapport à la vérité ne sont pas des mensonges et que l'appareil n'a pas besoin de les repérer. C'est peut-être que l'infidèle qui passe à travers le détecteur n'a pas de raison de déclarer mentir et peut donc parfaitement accepter avec le jaloux de n'appeler mensonge que ce que le BR affirme être tel. C'est peut-être que la campagne publicitaire organisée par Trams nous a convaincus que l'on pouvait détecter le mensonge dans le cerveau et que cela suffit à rendre le mensonge détectable. Comment savoir ? Qui a inventé le détecteur de mensonges, George ou Rosa Smart, Walter J. Trams ou nous tous ? Peu importe, l'appareil fonctionne : il repère en général qui « ment » ou de qui l'on dira qu'il « ment ».

Jusqu'en 2035

Avec le détecteur de mensonges, Smart a fait cette découverte qu'il n'est pas nécessaire que l'appareil fonctionne lors des essais pour que sa commercialisation soit un succès. Les BR semblent en réalité mieux fonctionner dans la vie que dans les laboratoires. On en viendrait à penser que les savants sont trop scrupuleux. Il en serait du BR comme du spiritisme : la présence d'un sceptique rend impossible la communication avec l'esprit. Oui, le BR a remplacé le médium et, comme celui ci, interroge l'esprit sans passer par la parole. Ceci à condition donc qu'aucun individu trop méfiant ne vienne troubler le processus.

Ce n'est pas, bien sûr, l'interprétation de Smart. La vérité, pour Smart, est que le BR est entraîné par la multitude des utilisateurs, qui corrigent l'appareil à chaque fois que celui-ci indique un mensonge où il n'y en a pas. Et l'inverse. La multitude des utilisateurs entraîne la machine comme aucune équipe de neuropsychologues ne pourrait le faire. Rosa, elle, est convaincue que les utilisateurs s'adaptent en général au verdict de la machine et ne la corrigent que dans les cas où sa réponse est incompatible avec le cours naturel de la vie. Au fond, nous nous faisons des machines. Nous avons accepté de modifier le sens de nos catégories, le sens du « mensonge », pour l'identifier à celui de la machine : n'appeler « mensonge » que ce que la machine déclare tel.

C'est Smart qui a commencé à parler à Rosa des difficultés qu'il rencontrait avec le BR. Il évite maintenant de s'engager sur ce terrain, c'est Rosa qui l'y pousse, et leurs conversations tournent à la dispute. Comme si Rosa lui reprochait de nous transformer en machines, comme s'il était responsable que nos cerveaux se laissent décrypter et nos esprits épier par des machines.

Est-ce l'appareil qui, mieux entraîné, réussit à décrypter, de façon toujours plus précise, nos souvenirs et, bientôt, nos intentions ? Ou est-ce que, subjugués par la machine et la publicité que lui fait Trams, nous acceptons d'y conformer nos souvenirs et nos intentions ? Il est impossible de trancher. Nous suivons en général les analyses de la machine et nous réussissons à tracer ainsi une forme de vie cohérente. Comment savoir si les analyses de la machine se calquent sur notre forme de vie ou si c'est l'inverse ou si les deux processus vont de pair ? Le différend entre les deux époux n'a pas de solution.

George, en tout cas, continue de travailler pour enfanter – à chaque fin d'année – de nouvelles machines. Le lecteur utilisé dans les commissariats dès le début des années 2020 avait déjà la capacité de reconnaître dans le cerveau certaines émotions, très vagues. Son diagnostic restait tout à fait grossier, mais Smart sait que ce caractère approximatif est plutôt un atout et c'est sur cette base qu'il élabore son lecteur d'intention. À partir de décembre 2032, les BR indiquent en effet les intentions de celui qu'ils regardent. Ils ne possèdent au départ qu'un registre limité : l'amour, la peur, l'amitié, l'hostilité, etc. Le principe n'a pas changé. Le BR reconnaît l'individu, à certains traits comme la couleur et la forme de l'iris, le dessin de l'oreille, et télécharge les paramètres correspondants. Il saisit alors dans le cerveau les images qui passent dans l'esprit de sa proie, une émotion dominante, et devine à partir de là une intention qui pourra être corrigée par l'utilisateur.

C'est la nuit, un homme s'approche dans la rame déserte du métro. On braque son BR sur lui. Le BR indique : « hostilité ». On tente de changer de rame. Si l'homme nous rattrape et se contente de nous demander l'heure, on indique son erreur au BR. Si – ce qui est le cas en général – l'homme reste dans la rame, il n'y a pas de raison de penser que le BR se soit trompé.

Le modèle qui suit est capable de répondre à certaines questions. On le dirige sur celui que l'on veut interroger et l'on demande : est-ce qu'il ou elle m'aime, veut m'épouser, faire un enfant, coucher avec moi, m'embrasser ce soir, un jour, peut-être, jamais ? C'est dans ce registre que le vocabulaire de la machine est le plus étendu, mais on peut aussi lui poser des questions plus prosaïques : le garçon de café veut-il me voler, cracher dans ma soupe, retarder ma commande ou libérer la table ? Le seul progrès marquant cette génération de BR est dans le logiciel qui analyse les questions. Le lecteur lui-même est identique au précédent. Il reconnaît l'individu, décrypte les émotions et les images qui lui passent ou lui sont récemment passées dans la tête. Il tente ensuite une réponse, que l'utilisateur le cas échéant corrige.

C'est le plus gros succès commercial, chez les adolescents surtout et les jeunes adultes, depuis l'introduction des BR. Un cerveau de moins de 30 ans est ainsi interrogé plusieurs fois par jour. La campagne publicitaire a mis en avant le caractère à nouveau révolutionnaire de l'appareil. Personne donc ne s'attend à ce que l'appareil fonctionne d'abord parfaitement. Et de fait, pour chaque cerveau de moins de 30 ans, le serveur Internet reçoit régulièrement des messages d'erreurs, des corrections apportées par les utilisateurs, jusqu'en mars. Puis la fréquence diminue peu à peu.

Personne, pas même Smart, ne sait si l'appareil décrypte effectivement nos intentions ou modifie seulement nos comportements. Les réponses que l'on fait au garçon de café dont l'appareil indique qu'il veut cracher dans la soupe l'engagent peut-être en effet à cracher dans la soupe. C'est ce que Rosa explique à George qui secoue la tête avec un air de désespoir.

Rosa, de son côté, prend une décision. C'est curieux comme les premiers projets de Smart, bien qu'abandonnés, continuent à le poursuivre : la recherche des terroristes. Rosa n'a pas décidé de faire sauter la tour Eiffel mais le système Smart/Trams. Elle ne passera plus les dimanches après-midi près du portique à surveiller les enfants – qui ont du reste grandi et s'interrogent les uns les autres à l'aide de leur BR avant de disparaître deux par deux derrière la haie qui borde le jardin –, elle restera avec les hommes pour écouter et découvrir le point faible de la machine.

8

Usages du lecteur de cerveau, soupçons et jalousie, Hitchcock et Proust

Soupçons

On se souvient forcément, dans le film d'Alfred Hitchcock, *Soupçons*[1], de la scène du verre de lait, quand Johnnie, joué par Cary Grant, montre à sa femme, Lina – Joan Fontaine –, un verre de lait qui brille étrangement dans la demi-obscurité de la cage d'escalier. Lina soupçonne Johnnie de vouloir l'empoisonner pour toucher la prime de son assurance-vie. Elle n'ose pas boire le lait. Si elle disposait d'un BR, évidemment, ce serait l'occasion de l'interroger. Discrètement, elle dirigerait l'appareil vers le cerveau de Johnnie et saurait si, oui ou non, Johnnie cherche à la tuer.

Johnnie Aysgarth est un homme insouciant et à l'honnêteté peu scrupuleuse. Cela, Lina McLaidlaw aurait pu s'en rendre compte avant même de l'épouser. Son père, le général, lui avait raconté cette vieille histoire selon laquelle Johnnie Aysgarth avait été exclu de son club pour avoir triché aux cartes. Elle-même a vu Johnnie – c'est à cette occasion qu'ils se sont d'abord rencontrés – voyager dans un wagon de première avec un billet de troisième classe. Après leur mariage, Johnnie continue à parier

1. *Suspicion*, RKO Radio Pictures, 1941.

aux courses, vole son patron pour rembourser ses dettes, vend les fauteuils de son beau-père et convainc son ami Beaky de s'engager dans un projet immobilier, assez louche, avec l'idée de détourner sa fortune. Donc Lina a peut-être des raisons de se méfier. Mais ce n'est pas tout à fait pareil de voler son patron et de supprimer une épouse dont on est manifestement amoureux.

Johnnie veut-il la tuer ? Le meurtre est peut-être dans l'air. La première fois qu'il l'embrasse, elle se débat, il lui demande pourquoi et conclut en riant qu'elle doit croire qu'il cherche à l'étrangler pour se défendre de la sorte. Il y a d'autres indices mais ceux-ci restent vagues ou ne prennent sens qu'au regard de l'inquiétude de Lina. Johnnie lit avidement des romans policiers, par exemple, et l'un d'eux reste longtemps dans le tiroir de la table de nuit : une histoire d'empoisonnement et de poison indécelable. Ou encore, dans la voiture, alors que le couple parle de la mort, Johnnie semble vouloir lui dire qu'il ne supporterait pas qu'elle le laissât seul : « Si tu mourais la première », commence-t-il, puis il s'arrête et semble réfléchir. Cependant, sans BR, on ne sait pas à quoi il pense.

En réalité, c'est presque par hasard que Lina en vient à soupçonner Johnnie, un soir, au cours d'une partie de Scrabble avec leur ami Beaky. Les deux hommes parlent de leur expédition prévue pour le lendemain. Ils veulent aller voir des terrains au bord de la mer, sur une falaise, qu'ils envisagent d'acheter pour y faire construire un hôtel. Lina joue avec ses lettres pour former le mot le plus long possible. Elle tombe d'abord sur « MUD », puis « MURDER », « MURDERER », et « comprend » que Johnnie a l'intention de tuer son ami Beaky, de le pousser du haut de cette falaise. Johnnie sauvera Beaky au cours de leur promenade, mais cela ne change rien, Lina est convaincue d'avoir deviné les intentions de son époux, l'intention de tuer, et le soupçon ne la quitte plus.

Si les lettres qui sortent au Scrabble peuvent ainsi permettre de décrypter les intentions de l'autre, pourquoi le BR n'y réussirait-il pas également ? L'appareil n'a pas besoin de fonctionner mieux que le Scrabble en tant que mécanisme divinatoire. Il suffit que l'on donne foi à son verdict – c'est le rôle de Trams et des campagnes publicitaires qu'il orchestre de nous y conduire – et qu'une forme de vie cohérente soit possible de la sorte. Cohérente, je ne veux pas dire sans contradiction – nous savons nous accommoder dans la vie de bien des contradictions – mais sans impasse. Il suffit que, le plus souvent, une voie s'ouvre qui nous permette de continuer notre vie tout en acceptant les indications du BR. Bien que nous puissions reconnaître dans certains cas les erreurs de la machine, ce qui contribue à entraîner et à perfectionner ce mécanisme, ces situations ne doivent pas être trop fréquentes. Dans celle de Johnnie et de Lina, on ne voit pas du reste comment le BR pourrait être pris en faute. S'il fait de Johnnie un meurtrier, Lina fuira, comme elle en a le projet, chez sa mère et Johnnie n'aura pas même l'occasion de réaliser ou non son intention. Si, au contraire, l'appareil ne décèle aucune intention coupable dans l'esprit de Johnnie et que Lina meurt, on pourra conclure, pour peu que Johnnie soit habile, à un accident : l'appareil l'aura d'emblée innocenté.

Johnnie a-t-il l'intention de tuer ? Dans l'une des premières scènes du film, avant leur mariage, Johnnie affirme à Lina qu'il reste honnête avec elle non parce qu'il serait honnête en général mais parce que c'est avec elle la meilleure façon de procéder. Et l'on peut de fait continuer à prendre les paroles de Johnnie à la lettre. Par exemple, quand il renonce à son projet immobilier avec Beaky, il invoque devant Lina une série de raisons concomitantes : sa paresse, que leur projet ne marchera pas, qu'il n'a pas envie de ruiner son ami, etc. Ces raisons sont en partie contradictoires mais cela ne signifie pas qu'elles s'excluent ou que Johnnie mente : nous pouvons bien avoir des raisons contradictoires d'agir d'une certaine façon.

Rien n'indique au fond que l'on doive prêter au personnage une intention déterminée : celle de tuer ou de ne pas tuer. L'idée du meurtre est dans l'air, elle revient dans la bouche et dans les gestes des différents personnages, mais elle n'est pas enfermée dans la tête de Johnnie. Ce n'est pas forcément que Johnnie n'a jamais pensé à supprimer Lina. Mais s'il en a entretenu l'idée, c'était comme celle d'« emprunter » à Beaky l'argent dont il avait besoin : au milieu d'une multitude d'autres. De sorte que, avant l'usage du BR, la question de savoir si Johnnie a ou non l'intention de tuer n'a pas de réponse. Mieux, il n'y a pas dans la tête de Johnnie d'intention au sens où en découvre le BR.

La Mort aux trousses

Je l'ai déjà annoncé, l'histoire du BR est celle de *La Mort aux trousses* : elle raconte comment se remplit d'elle-même une place vide. Le FBI a imaginé un leurre pour entraîner les mauvais espions sur une fausse piste et protéger l'agent qui les surveille réellement. Ce leurre s'appelle Kaplan. Ce serait un agent du FBI qui suivrait les espions, de ville en ville, descendrait dans les mêmes hôtels ou dînerait dans les mêmes restaurants. Seuls les espions croient à sa réalité. Il n'existe pas. Ce n'est pas même qu'un acteur interprète Kaplan ou que quelqu'un se fasse passer pour lui. Kaplan n'est qu'un nom, un nom sous lequel on réserve une chambre d'hôtel et qui est inscrit sur le registre, alors que la chambre reste vide. Jusqu'à ce que, à la suite d'une méprise, les espions prennent Roger Thornhill – le publiciste new-yorkais joué par Cary Grant – pour Kaplan. Thornhill devient alors Kaplan. La place vide se remplit avec l'aide conjointe du FBI et d'un publiciste.

On pourrait raconter de la même façon le scénario qui donne corps à l'intention. Le langage et nos façons de parler font de façon vague une place à cette intention, qui dirigerait nos comportements – l'intention de tuer par exemple dans *Soupçons* –, mais celle-ci reste fluctuante. Il faudrait même dire que cette intention n'a pas d'abord de réalité dans nos têtes, où l'on ne trouve que des bribes d'un discours intérieur, des images, des émotions. Cependant, le savant Smart, aidé des deux cousins

Trams, l'homme du FBI et celui des télécommunications, invente un dispositif qui rend cette place tout à fait précise, bien délimitée. Et brusquement, comme par magie, cette place vide se remplit, l'intention s'incarne. Il n'y avait rien de défini dans la tête de Johnnie, rien derrière ce front, et voici que, mieux que les lettres du Scrabble, le BR fait apparaître un autre visage, un visage derrière le visage : un Cary Grant les sourcils froncés et menaçant, derrière celui qui souriait sans que l'on puisse savoir ce qu'il pensait.

*

« D'où vient le terme MacGuffin ? Cela évoque un nom écossais et l'on peut imaginer une conversation entre deux hommes dans un train. L'un dit à l'autre : "Qu'est-ce que c'est que ce paquet que vous avez placé dans le filet ?" L'autre : "Ah, ça, c'est un MacGuffin." Alors le premier : "Qu'est-ce que c'est un MacGuffin ?" L'autre : "Eh bien, c'est un appareil pour attraper les lions dans les montagnes Adirondacks." Le premier : "Mais il n'y a pas de lion dans les Adirondacks." Alors l'autre conclut : "Dans ce cas, ce n'est pas un MacGuffin." Cette anecdote vous montre le vide du MacGuffin, le néant du MacGuffin. »[1]

Le leurre Kaplan, qu'a inventé le FBI, est sans doute le MacGuffin de *La Mort aux trousses*, c'est-à-dire un objet en lui-même sans importance, un prétexte pour entraîner les personnages, Roger Thornhill et Eve Kendall, dans la série des situations à suspense qui tiennent véritablement le film.

Mais il se peut que le BR soit également un MacGuffin, le dispositif en lui-même contingent, par lequel se poursuit une histoire dont la réalité est ailleurs. Ainsi, le lecteur cérébral pourrait représenter seulement un moyen de réaliser des fantasmes plus anciens et plus généraux, tel celui de la télépathie, ou un

1. F. Truffaut, *Le Cinéma selon Alfred Hitchcock*, entretiens avec François Truffaut, Paris, Seghers, 1975.

moyen de prolonger l'aliénation, le devenir-machine commencé, dans le registre théorique, avec la description du corps comme machine : le corps étant ainsi virtuellement mécanisé, il fallait s'attaquer à l'esprit. Le dispositif en lui-même, le moyen utilisé pour poursuivre ces histoires, n'aurait que peu d'importance.

*

« – Ah, vous êtes de ce type ! s'exclame Roger Thornhill.

– Quel type ? demande Eve Kendall.

– Honnête.

– Pas vraiment.

– Tant mieux. Parce que les femmes honnêtes me font peur.

– Pourquoi ?

– D'une certaine façon, le jeu, dans une telle situation, ne me semble pas être équilibré.

– Parce que vous n'êtes pas honnête avec elles ?

– Exactement, répond Thornhill. Ce que je veux dire, c'est qu'à partir du moment où je rencontre une jolie femme, je dois prétendre que je n'ai aucun désir de la séduire.

– Qu'est-ce qui vous donne à penser que vous devez le cacher ?

– Elle pourrait avoir des objections.

– Mais elle pourrait aussi ne pas en avoir. »

La scène se passe dans le wagon-restaurant entre New York et Chicago, le train roulant dans la direction qui donne son titre au film *North by Northwest*. Roger Thornhill est poursuivi par la police. Il n'a pas même de ticket et cherche un moyen de passer cette nuit dans le train à l'abri des contrôles. Il a croisé une première fois Eve Kendall, dans le couloir, au départ, alors que les policiers étaient à ses trousses. Il est entré brusquement dans un compartiment et elle a indiqué aux agents qu'il était redescendu sur la voie. Elle l'a sauvé, provisoirement. Il ne sait pas encore que la blonde Eve travaille pour les espions qui, le prenant pour Kaplan, ont déjà essayé de le tuer. Il sait encore moins qu'elle est un agent double et travaille en réalité pour le FBI.

Ils se retrouvent à l'heure du dîner, de chaque côté d'une table servie. Eve lui fait, pour ainsi dire, une proposition ouverte et, après cet échange sur l'honnêteté, lui donne le numéro du compartiment où il pourra passer la nuit avec elle : « 3901, c'est facile à retenir ». Thornhill ose à peine croire à sa bonne fortune, sa double bonne fortune. Eve est belle et lui offre avec sa chambre un moyen d'échapper à la police. On ne sait pas du reste quel motif domine dans l'esprit de Thornhill – le désir ou la peur, le désir de la femme ou la peur de la police. Il est aussi flatté que surpris que cette femme qu'il ne connaît pas l'invite dans son compartiment. Il ignore qu'elle a un double intérêt à le surveiller : elle travaille pour les espions qui veulent l'éliminer et pour le FBI qui veut, si possible, le sauver. Et quand il le découvrira, il ignorera encore qu'Eve, frappée d'un de ces violents coups de foudre qui ont lieu au cinéma, amoureuse sans même forcément le savoir, ne trouvait dans sa mission qu'un prétexte pour le garder avec elle.

La situation est donc compliquée et le serait peut-être moins si les deux protagonistes disposaient de leur BR. Ils n'auraient pas du moins à parler de leur honnêteté. L'appareil posé sur la table comme un téléphone portable pourrait être discrètement interrogé. Quel verdict donnerait-il ?

Examinons d'abord le BR de Roger dirigé sur le cerveau de Eve. Sur le fond, Eve invite d'abord Roger dans son compartiment parce qu'elle veut le tenir prisonnier pour le livrer ensuite, que ce soit aux espions ou au FBI. Alors qu'elle prétend l'inviter non par obligation mais par désir. Cependant, on l'apprendra par la suite, ce désir commençait aussi à exister. De quel côté l'appareil penchera-t-il ? Par ailleurs, Eve avoue n'être « pas vraiment » honnête, et l'on connaît la chanson dans de telles circonstances : si elle ment, elle dit la vérité, et si elle dit la vérité, elle ment.

Laissons le BR de Roger réfléchir et tournons-nous vers celui de Eve. Roger ne semble pas croire Eve lorsqu'elle affirme ne pas être honnête. Il continue sur son idée qu'elle est honnête alors que lui n'est pas honnête avec les jolies femmes, dont Eve fait partie. Le verdict sera peut-être ici plus facile à rendre. Il pourrait être en effet purement logique. La seule façon d'interpréter l'énoncé selon lequel Roger mentirait aux jolies femmes, pour éviter d'en faire un paradoxe et dans l'hypothèse où son interlocutrice est une jolie femme, est d'admettre que, une fois au moins par le passé, Roger n'a pas menti à une jolie femme. De la sorte, l'énoncé est simplement faux. Donc Roger ment et le BR d'Eve émet cette discrète vibration qui indique le mensonge. Évidemment, ce serait une autre affaire si le BR, négligeant la logique, essayait de déterminer pour quelle raison Roger accepte l'invitation d'Eve : parce qu'elle l'a séduit ou parce qu'il veut échapper à la police ou les deux à la fois. Il n'est pas clair dans ce dialogue que Roger soit particulièrement séduit par les femmes honnêtes, ce qu'Eve est finalement.

En vérité, il est difficile d'imaginer quelles seraient les réactions des BR aux situations humaines. Cependant, ces machines pourraient aussi bien répondre aux questions qu'on leur pose, non seulement dans l'oubli de toute logique mais de façon totalement arbitraire. Chaque réponse appellerait une histoire différente. Le BR de Roger indiquant le mensonge, peut-être le publiciste préférerait passer la nuit dans le local à bagages. Celui d'Eve indiquant également le mensonge, sans doute tenterait-elle encore d'entraîner Roger dans son compartiment, par devoir, mais elle le livrerait au matin sans remords. La seule chose qui soit certaine est que, munis de leur BR, Eve et Roger ne se laisseraient pas embarquer dans la même histoire. L'usage du BR modifie nos comportements comme nos concepts.

C'est dire à l'inverse que notre propre vie serait tout à fait incompréhensible à ceux qui disposeraient de tels appareils. Nos mœurs leur sembleraient tout à fait mystérieuses, un peu comme le sont à nos yeux celles d'une tribu ou même d'extraterrestres dans un roman de science-fiction dont nous ne saisissons pas les motivations. Et les films d'Hitchcock seraient seulement conservés à titre de documents historiques comme de curieux témoignages de ce que nous avons été et de la vie que nous avons menée.

La Prisonnière (I) : la jalousie

C'est une histoire d'amour malheureuse. Marcel rencontre Albertine sur la plage, dans quelque station balnéaire de la côte normande. Après une dispute qui, comme dans un film d'Hitchcock, se passe au départ d'un train, Marcel réussit à la ramener à Paris et l'installer chez lui. Elle vit maintenant avec lui et de son argent. Il la tient prisonnière mais en reste jaloux : jaloux de son passé balnéaire et de ces rencontres sur la plage, qu'il soupçonne mais ne connaît pas, jaloux aussi du temps présent et des rencontres qu'elle pourrait encore faire à Paris quand elle sort seule : « Elle était entrée pour moi dans cette période lamentable où un être disséminé dans l'espace et dans le temps n'est plus pour nous une femme mais une suite d'événements sur lesquels nous ne pouvons faire la lumière, une suite de problèmes insolubles. »[1]

Marcel se résout d'abord à la faire surveiller par l'une de ses amies, Andrée, qui l'accompagne chaque après-midi pour une promenade au retour de laquelle elle fait son rapport au jeune homme. Cela ne suffit pas. Le soir, Marcel interroge aussi Albertine anxieusement. Il se doute qu'elle ment, soupçonne la vérité sans réussir à connaître les faits. « C'est du reste une des choses les plus terribles, pour l'amoureux, que, si les faits particuliers – que seuls l'expérience, l'espionnage, entre tant de réalisations possibles feraient connaître – sont si difficiles à trouver, la vérité en revanche est si facile à percevoir ou seulement à pressentir. »[2] Marcel se flatte de réussir à déceler

1. M. Proust, *La Prisonnière*, in *À la recherche du temps perdu*, vol. 3, Paris, Robert Laffont, coll. « Bouquins », 2003, p. 94.

2. *Ibid.*, p. 82.

le mensonge dans la rougeur d'Albertine, dans une dénégation trop marquée ou dans un récit trop vraisemblable pour n'avoir pas été préparé à l'avance. Il démêle des signaux contradictoires, ces « amalgames » dont il détache les éléments disparates mais cette analyse, qui lui montre qu'Albertine ment, ne permet pas d'établir les faits réels : savoir comment Albertine a passé l'après-midi.

On comprend donc que, dans ce désir de possession, cette anxiété jalouse, Marcel se procure dès qu'ils apparaissent dans le commerce les lecteurs cérébraux les plus perfectionnés. Le jeune homme a toujours été intrigué par la technique, mais le voici maintenant allongé sur son lit, compulsant des catalogues où sont décrites les différentes fonctions de ces merveilleux appareils. Marcel ne sort pas beaucoup et c'est Françoise, sa vieille servante, qu'il envoie le jour même de leur mise en vente faire la queue devant le magasin et acheter la machine. Il n'en dit rien à Albertine mais possède maintenant un de ces appareils qui détectent le mensonge, aussi bien que les souvenirs et les rêves, dans le cerveau qu'ils observent.

Marcel n'a plus besoin d'Andrée, ni du chauffeur qui les conduisait durant leur promenade. Il passe plusieurs semaines à entraîner l'appareil, lui indiquant patiemment les mensonges qu'il repère dans la bouche d'Albertine. Puis, peu à peu, la machine gagne son autonomie pour déceler à son tour le mensonge et pointer alors la tromperie avec l'autorité de la science. Marcel attend maintenant son amie, l'esprit tranquille et libre. Il l'appelle dès qu'elle rentre. L'appareil est placé sur la table de nuit et émet une légère vibration à chaque fois qu'Albertine ment en racontant sa promenade. Marcel note mentalement mais de façon précise – il n'oublie rien de ces détails – les phrases qui font tressaillir l'appareil. Il y revient par la suite avec certains détours. Il n'a plus besoin de réfléchir lui-même. Il se fie entièrement à la technique.

Albertine, de son côté, est d'abord surprise par la forme nouvelle que prennent ces interrogatoires et l'assurance avec laquelle Marcel revient sur quelques points de son récit. Elle apprend alors elle-même à mentir d'une autre façon. Il ne s'agit plus de cacher sa rougeur ou d'éviter d'employer ces adverbes qui faisaient lever les sourcils de Marcel. Il faut plutôt se mettre dans le bon état d'esprit, oui, c'est une attitude mentale. Elle y réussit parfois.

Le soir, pendant qu'elle lit dans la chambre, sur le fauteuil, Marcel l'interroge encore, sans un mot, sans même la regarder et souvent sans qu'elle s'en doute. Albertine, levant brusquement la tête, surprend Marcel et sa machine. Les yeux de Marcel ne quittent pas le petit écran et ce sont ceux de la machine qui fixent la jeune fille. Marcel suit les images qui lui passent par la tête. Il guette le moment où Albertine repense à celui ou celle qu'elle veut cacher, le moment où, brusquement et sans qu'elle le veuille, lui passe devant les yeux de l'esprit un visage, quelque parole. Ce visage alors s'affiche sur la machine qui l'identifie et peut même donner un nom, une adresse, une raison sociale.

Cependant naissent surtout dans l'esprit d'Albertine des scènes, des éléments dont la signification reste implicite et que Marcel doit donc à nouveau interpréter. Voici par exemple un ticket de métro. La jeune fille regarde de son œil intérieur un ticket de métro. Pourquoi ? Que lui évoque-t-il ? Le problème, pour Marcel, est qu'Albertine ne dessine pas à côté du ticket le visage de la personne qui le lui a donné ou avec qui elle a voyagé. Elle se contente de revoir ce ticket de métro, elle fixe une marque sur le ticket sans reproduire la voix qui lui faisait remarquer qu'il était déjà poinçonné, ni indiquer pourquoi ce moment a retenu son attention.

Il arrive donc que Marcel demande à Albertine de lui montrer tel épisode de sa vie, à Balbec surtout. Cet après-midi par exemple qu'elle a passé dans les dunes avec ses amies, quand Marcel la cherchait. La jeune femme doit bien s'exécuter. Ce n'est pas difficile du reste. Il lui suffit de revoir la scène qui passe alors à l'écran comme un film. Elle-même, assise sur le lit à côté de Marcel, peut regarder son souvenir défiler sur l'écran.

Elle apprend à omettre certains épisodes. Marcel de son côté la presse de mieux se concentrer et de préciser certains détails, telle silhouette par exemple dans le fond, que l'on ne distingue pas nettement. Tantôt ce sont des éléments sans importance. Tantôt, d'un geste intérieur, Albertine repousse à dessein quelqu'un à l'arrière-plan ou l'oblige à se tourner vers la mer au moment où son propre regard l'approche. Ce sont des gestes de l'esprit qui s'apprennent et que Marcel ne remarque pas, bien qu'il se doute que ces souvenirs volontaires sont souvent truqués. Albertine proteste qu'elle a oublié ce visage ou que ces séances la fatiguent.

Marcel sort de la chambre pour chercher un verre d'eau dans la cuisine. Albertine s'étend sur le lit et s'endort avant que son amant ne revienne, ou rêve les yeux mi-clos. Celui-ci entre sur la pointe des pieds et, assis à son tour dans le fauteuil, passe de longues heures à suivre les visions de ce demi-sommeil. Ces images, qui ne se contrôlent pas, fascinent Marcel. C'est un pouvoir, celui d'observer l'intérieur, qu'il avait désiré avant de disposer – et sans savoir qu'il disposerait bientôt – d'un lecteur cérébral : « Dans ses yeux, je voyais passant tantôt l'espérance, tantôt le souvenir, peut-être le regret de joies que je ne devinais pas, auxquelles dans ce cas elle préférait renoncer plutôt que de me les dire, et que, n'en saisissant que cette lueur dans ses prunelles, je n'apercevais pas davantage que le spectateur qu'on n'a pas laissé entrer dans la salle et qui collé au carreau vitré de la porte ne peut rien apercevoir de ce qui se passe sur la scène. »[1]

Le lecteur cérébral a enfin ouvert au spectateur ces portes de l'esprit, et voici le jeune homme installé comme au théâtre devant la scène où se joue la vie intérieure d'Albertine. Il en suit le déroulement du même mouvement qu'Albertine elle-même. Certaines heures, quand le souffle de la jeune fille se fait plus régulier, l'écran de la machine s'éteint presque complètement :

1. *Ibid.*, p. 306.

ce ne sont plus que de vagues formes qui se modifient lentement. Marcel pourrait croire observer dans ce cerveau la vie intérieure d'une plante.

Puis brusquement, au moment où Albertine sursaute et fronce les sourcils, des visages, des gestes réapparaissent sur l'écran, dont Marcel cherche à saisir le sens. Il développe à nouveau une science de l'interprétation. Mieux, il constitue une sorte de topique. Il joue maintenant à distinguer différentes Albertine d'après le genre de scènes qui leur viennent à l'esprit et leurs attitudes dans de telles situations. Il s'efforce de les classer, leur imagine des rapports de parenté. Ces personnages intérieurs dans l'esprit d'Albertine sont nombreux. Cela, Marcel le soupçonnait déjà avant de disposer de son BR : « N'avais-je pas deviné en Albertine une de ces filles sous l'enveloppe charnelle desquelles palpitent plus d'êtres cachés, je ne dis pas que dans un jeu de cartes encore dans sa boîte, que dans une cathédrale ou un théâtre avant qu'on y entre, mais que dans la foule immense et renouvelée ? Non pas seulement tant d'êtres mais le désir, le souvenir voluptueux, l'inquiète recherche de tant d'êtres. [...] J'aurais voulu non pas arracher sa robe pour voir son corps mais à travers son corps voir tout ce bloc-notes de ses souvenirs et de ses prochains et ardents rendez-vous. »[1]

Le BR a réalisé le vœu de Marcel : arracher, ou rendre transparente, cette enveloppe de chair qui enfermait les souvenirs et les intentions de son amie. Au début, c'est avec effroi que Marcel découvre, en temps réel pour ainsi dire, les images qui errent dans son cerveau. Parce que, dans les pires moments de sa jalousie, il n'a jamais mesuré l'étendue de la liberté d'Albertine, l'étendue de ce passé où il ne figure pas, l'étendue aussi des pensées secrètes qu'elle entretient tout en vivant avec lui. Et la jalousie, l'inquiétude et l'amour de Marcel pour Albertine en sont d'abord renforcés. Mais peu à peu Marcel s'habitue à ces images. Peut-être ce jeu consistant à classer

1. *Ibid.*, p. 86.

et distribuer à différentes Albertine ces souvenirs et ces rêves l'aide-t-il, comme le fait de tracer une carte aide des explorateurs à prendre possession d'un pays inconnu. Du moins, si rien de nouveau ne sort de ses rêves, il lui arrive de s'endormir à côté d'elle rassuré. Ce ne sont pas seulement les yeux qui ont perdu leur mystère mais ce à quoi ils semblent ouvrir, l'âme. Marcel devrait en être heureux : « L'image que je cherchais, où je me reposais, contre laquelle j'aurais voulu mourir, ce n'était plus l'Albertine ayant une vie inconnue, c'était une Albertine aussi connue de moi qu'il m'était possible (et c'est pour cela que cet amour ne pouvait être durable à moins de rester malheureux car par définition il ne contentait pas le besoin de mystère), c'était une Albertine ne reflétant pas un monde lointain. »[1]

Est-il possible que la possession presque complète du corps et de l'esprit d'Albertine signifie la fin de l'amour de Marcel ? Marcel prenant peu à peu pied dans le monde intérieur de son amie, l'explorant de plus en plus profondément, en maîtrisant bientôt la géographie et comprenant les mécanismes qui règlent les saisons comme les brusques changements du climat, peut-il se détacher d'Albertine, son amour anxieux se dissoudre dans cette forme d'assurance que donne le BR ?

Il est sûr que Marcel aimait en Albertine un de ces « êtres ailés », susceptibles de fuir, ne serait-ce que par leur regard absent. Or, précisément, le BR passe derrière les prunelles colorées pour venir saisir cela même que l'autre l'observe. En perdant son intériorité, Albertine a perdu ses ailes et une part de la beauté que ces ailes de l'esprit lui donnaient. De la fenêtre, Marcel regarde souvent les passantes en bas, sans plus songer à Albertine qui est partie se promener. Il regrette de vivre encore avec Albertine qui l'empêche, de fait, de donner une suite à cette aventure qui s'est esquissée dans une silhouette s'éloignant dans la rue. Quand Albertine revient, par habitude, il l'interroge au BR. Peut-elle encore réveiller son inquiétude ?

1. *Ibid.*, p. 72.

Albertine est libre de se promener à certaines heures de la journée, dans les rues, parmi la foule, seule, sans même être accompagnée de son amie Andrée. À son retour, Marcel la passe sous l'œil de sa machine et peut alors observer son esprit – images, souvenirs, discours intérieurs, émotions –, interroger ses « intentions ». Albertine peut-elle encore lui cacher quelque chose de sa vie et cet inconnu attacher encore Marcel, lui permettre de souffrir et du même coup de continuer à aimer ? Marcel pourrait-il encore écrire les mêmes lignes maintenant qu'il possède son BR ? « […] Ainsi qu'au début il est formé par le désir, l'amour n'est entretenu plus tard que par l'anxiété douloureuse. *Je sentais qu'une partie de la vie d'Albertine m'échappait.* L'amour dans l'anxiété douloureuse comme dans le désir heureux est l'exigence d'un tout. Il ne naît, il ne subsiste que si une partie reste à conquérir. On n'aime que ce qu'on ne possède pas tout entier. »[1]

La Prisonnière (II) : la fin de l'amour ?

La question est bien de savoir dans quelle mesure, Marcel étant muni de son lecteur cérébral, une partie de la vie d'Albertine peut encore lui échapper. C'est à cette condition que leur histoire se poursuivra.

D'un côté, Marcel observe Albertine au moyen de sa machine et distingue, dans son sommeil et dans ces moments où il la surprend rêvant les yeux ouverts, une multitude d'êtres : différentes Albertine et différentes silhouettes qui entourent ces différentes Albertine, une multitude qui le fascine et dont il peut ne jamais venir à bout. Comme une foule renouvelée, indéfinie, dans laquelle Marcel chercherait à distinguer chaque visage. Il n'est pas certain mais il n'est pas exclu non plus que Marcel puisse comprendre le mécanisme de cette démultiplication et,

1. *Ibid.*, p. 96. (Je souligne.)

pour ainsi dire, la prévoir de telle sorte que, avant même de diriger son BR sur le cerveau de son amie, il sache quelle sera la figure qui y dominera. C'est là une première alternative qui suffit à rendre indéterminée la façon dont se développe l'amour entre Albertine et Marcel. Mais il faut ajouter que cette période où Marcel peut librement observer le cerveau d'Albertine n'a qu'une durée limitée.

D'un autre côté, en effet, Albertine, se sachant observée, apprend peu à peu à se protéger de ce regard, à se déguiser et à masquer ce qu'elle veut cacher. Albertine dispose elle aussi de son BR. Elle n'interroge que rarement le cerveau de Marcel. C'est surtout sur elle-même qu'elle dirige l'appareil. Dans la cage d'escalier, au retour de ses promenades, elle vérifie ce qu'elle a dans la tête et que Marcel pourrait y découvrir. Si le lecteur montre un visage à l'écran qu'Albertine veut effacer, elle s'efforce de penser à autre chose et le visage disparaît en effet.

Les lecteurs les plus récents sont équipés de cette fonction qu'on appelle le lavage de cerveau. Ils repèrent d'eux-mêmes les éléments les plus marquants dans le cerveau de l'utilisateur ou ceux qui peuvent être gênants : un reste de fantasme érotique par exemple. On ne peut pas sortir avec une telle histoire dans la tête, maintenant que les têtes sont ouvertes. On l'efface donc, en se concentrant, en se sortant ces images de la tête et en y mettant des pensées plus raisonnables. Certaines images résistent. Il faut parfois passer plusieurs minutes, se forcer à entretenir des pensées abstraites ou faire des mots croisés pour tout à fait les évacuer. L'appareil émet une petite musique une fois que le cerveau est tout à fait propre.

L'habitude se répand rapidement. Bientôt, plus personne ne sort sans avoir nettoyé son cerveau ou, du moins, en avoir inspecté le contenu flagrant d'un coup de BR. Comme on vérifie son apparence extérieure d'un regard dans le miroir avant de sortir. À cause de la manie jalouse de Marcel, Albertine est l'une des premières à utiliser ce lavage de cerveau et, surtout, c'est avant de rentrer chez elle, chez Marcel, qu'elle examine son cerveau avec le plus grand soin.

Les pensées qu'entretient donc Albertine à partir du moment où elle franchit la porte de l'appartement sont toujours plus sages et aimantes. Dirigeant le BR sur le cerveau d'Albertine pendant qu'elle enlève son manteau, c'est son propre visage que Marcel reconnaît sur l'écran et une émotion : la joie de rentrer. Les moments où il peut observer la pensée d'Albertine vagabonder librement sont rares. Albertine se surveille. C'est une habitude qu'elle a prise et qui ne la gêne plus réellement. Simplement, privée de cette dernière liberté qui était seulement intérieure, elle s'ennuie encore un peu plus. La seule façon, en effet, de masquer ses pensées propres est de penser à autre chose ou, pour ainsi dire, de se mettre dans la posture intellectuelle qui convient. On peut très bien soumettre son cerveau à des mouvements volontaires mais on ne peut plus alors penser à grand-chose.

Différentes tendances s'opposent donc, et la direction que prend cette histoire entre Marcel et Albertine n'est pas bien définie. Elle dépend du jeu entre ces tendances. Albertine s'ennuie et, si elle s'interdit d'y penser quand elle est avec Marcel, elle pourrait au cours d'une promenade prendre la décision de le quitter. Marcel, de son côté, peut vouloir encore interroger la vie passée de son amie, si la multitude des êtres qui habitent celle-ci est réellement indéfinie. Mais il peut aussi croire l'avoir cernée ou en avoir saisi le mécanisme et s'en lasser, désirer alors autre chose. Par ailleurs, la vie d'Albertine, celle que Marcel observe, se simplifie au fur et à mesure qu'il l'observe parce que Albertine maintient ses pensées dans les bornes de la plus stricte bienséance. Quel effet a ce nivellement de la pensée d'Albertine sur le désir de Marcel ? Il peut contribuer à laisser Marcel croire qu'il possède Albertine mais peut aussi bien lui révéler qu'Albertine lui échappe et qu'il n'observe qu'un masque intérieur se figeant peu à peu.

Sans doute, comme dans la théorie du chaos déterministe, la

direction que prend cet amour dépend de variations indécelables dans les circonstances extérieures, les conditions initiales, de sorte que sa conclusion – Albertine part, Marcel se lasse, ils se marient – reste pour nous imprévisible.

La Prisonnière (III) : conclusion

Marcel pourrait encore resserrer les mailles de son filet et ne plus laisser à Albertine aucune liberté, la suivre dans ses promenades ou l'obliger à porter un BR autour du cou qui enregistrerait chacune de ses pensées et les montrerait au maître au retour de son esclave. Albertine devrait donc contrôler dans sa promenade aussi les pensées qui lui passent par la tête. Appartiendrait-elle alors tout entière à Marcel ?

Marcel pourrait surveiller ce qu'Albertine pense tout au long du jour et de la nuit : ce qu'elle se dit à elle-même, voit de l'œil de l'esprit ou ressent dans une émotion définie. Il pourrait aussi interroger les « intentions » d'Albertine. Elle n'en continuerait pas moins à lui échapper par ce contrôle qu'elle exerce sur ses pensées. Dans l'hypothèse même où celles-ci seraient entièrement connues de Marcel, il resterait un élément, un élément insaisissable, dans son esprit que Marcel ne possède pas. Ce n'est rien de défini, pas une pensée, ni une image, ni une émotion, car celles-ci, Marcel peut les observer au moyen de sa machine. Ce n'est pas une pensée mais plutôt le *je* de *je pense*… ou de *je mens*. Ce *je* n'a pas un contenu déterminé comme la pensée qui suit ou le mensonge que le BR pourrait déceler. Et pourtant, il étend son influence partout dans l'esprit d'Albertine, puisqu'il semble en déterminer les pensées. Ce n'est pas qu'il resterait dans l'esprit d'Albertine un terme caché à Marcel. Marcel a jeté le rayon lumineux de son BR dans tous les recoins de l'esprit d'Albertine, il a ouvert toutes les portes et renversé les tiroirs. Albertine n'a plus de secret pour lui. Elle ne lui échappe plus qu'en tant qu'elle est sujet : un *je* en lui-même vide mais qui peut encore dire : « Je mens », et ainsi refuser de s'identifier à ce que l'on en a fait.

Finalement, Albertine n'emprunte plus que les fils de pensée que ces deux machines, celle avec laquelle Marcel la surveille et celle avec laquelle elle se surveille elle-même – grâce au « lavage de cerveau » –, lui laissent parcourir. Le cours de ses pensées lui est dicté par la machine. De son côté, Marcel examine des souvenirs, les siens et ceux d'Albertine, sur l'écran de son lecteur. Il s'est rendu compte que, pour l'observation maniaque à laquelle il les soumet, il est plus facile d'extérioriser ses souvenirs sur un écran que de les garder dans la tête. Marcel laisse donc la machine décrypter ses souvenirs dans son cerveau et les transformer en ces sortes de petits films qu'il se repasse ensuite inlassablement. Ses souvenirs se sont réduits, cristallisés en de telles scènes, sur un écran. Il a pu lui-même les oublier totalement, puisqu'ils sont stockés dans la machine.

Marcel et Albertine sont donc devenus des êtres hybrides, des sujets mécaniques. Leur esprit a été mécanisé : des fils de pensées, des souvenirs, déterminés mécaniquement. Cependant, ils n'en restent pas moins dans cette histoire des sujets, des *je*, qui s'échappent l'un à l'autre et se cherchent.

9

Le sujet, l'esprit et la machine

Trois méthodes de lecture

« Il me disait à moi, avec un petit rire épanoui, que bien des hommes avaient pour lui une fenêtre ouverte à l'endroit de leur cœur, et d'habitude il accompagnait une pareille assertion de preuves immédiates et des plus surprenantes, tirées d'une connaissance profonde de ma propre personne. »[1] Dupin, le détective d'Edgar Allan Poe, fait plus que regarder dans le « cœur ». Il se tourne vers l'esprit et y suit la pensée de ses sujets. Ainsi, dans l'épisode qui vient après cette remarque, le détective français répond à haute voix au monologue intérieur que poursuivait le narrateur au cours de cette promenade. « Il est peu de personnes qui ne se soient amusées, à un moment quelconque de leur vie, à remonter le cours de leurs idées et à rechercher par quels chemins leur esprit était arrivé à de certaines conclusions. Souvent cette occupation est pleine d'intérêt, et celui qui l'essaie pour la première fois est étonné de l'incohérence et de la distance, immense en apparence, entre le point de départ et le point d'arrivée. Qu'on juge donc de mon étonnement quand j'entendis mon Français parler comme il avait

1. E. A. Poe, « Double assassinat dans la rue Morgue », trad. fr. C. Baudelaire, in *Contes, essais, poèmes*, Paris, Robert Laffont, 1989, p. 521.

fait, et que je fus contraint de reconnaître qu'il avait dit la pure vérité. »[1]

Dupin, sans avoir besoin d'un lecteur cérébral, lit dans la pensée. Il a une méthode que Poe appelle « analytique ». Il examine la physionomie, les mimiques, et les rapporte aux éléments extérieurs susceptibles d'attirer l'attention de son sujet. Puis, pour véritablement rétablir ce fil intérieur qui les lie, il « entre dans l'esprit de son adversaire, il s'identifie à lui[2] » Dupin se met, pour ainsi dire, à la place de celui qu'il observe et pense lui-même comme celui-ci le fait. C'est cette sorte de sympathie qui constitue le centre de l'analyse et distingue celle-ci du simple calcul que pourrait opérer une machine : « le calcul [souligne le narrateur] n'est pas en soi une analyse[3] ».

Il faut conclure qu'ici Poe ou son narrateur se trompe. Cette reconstitution de la pensée de l'autre, cette capacité à lire la pensée du dehors, qui caractérise l'analyse, semble bien pouvoir être réalisée par la machine et par le calcul. C'est bien à une telle conclusion que conduisent les neurosciences actuelles, si du moins, comme je tiens à le faire, on y inclut les fantasmes qui animent les recherches de nos savants : les images, le discours intérieur, les intentions, le mensonge, sont susceptibles de se lire de l'extérieur et de façon essentiellement mécanique.

Voici donc, sans aucunement prétendre à l'exhaustivité, trois méthodes dans cet imaginaire d'une lecture scientifique de la pensée : l'analyse de Poe, le cérébroscope de Feigl et le lecteur cérébral dont rêvent aujourd'hui les neurosciences. Le fait que Dupin procède en considérant le visage plutôt que le cerveau n'importe pas ici : le détective comme le cérébroscopiste de Feigl et ces doubles d'eux-mêmes que nos savants placent dans un futur indéterminé mais proche observent la pensée de l'extérieur. La différence entre l'analyse de Poe et la cérébroscopie

1. *Ibid.*, p. 522.
2. *Ibid.*, p. 518.
3. *Ibid.*, p. 517.

de Feigl tient – outre ce déplacement du visage au cerveau – à ce que la seconde exige une corrélation rigoureuse entre les états observables, les structures cérébrales en l'occurrence, et les pensées que l'on peut en induire. Le cérébroscopiste a commencé par distinguer ses états mentaux et les a corrélés aux états cérébraux que lui montrait son appareil. Et c'est à partir de cette corrélation qu'observant les états cérébraux de son sujet il peut déterminer l'état mental de celui-ci. Or le passage de l'extérieur à l'intérieur ne se fait pas, dans l'analyse de Poe, selon une loi qui associerait à chaque état observable, à chaque mouvement du visage une pensée déterminée. « L'analyse » de Poe exige plutôt une projection du détective dans l'esprit du sujet, une sorte de sympathie, qui met en jeu par exemple « l'imagination » du détective[1], imagination dont il n'est pas question dans la méthode de Feigl.

La méthode de Poe et celle de Feigl ont néanmoins ceci de commun qu'elles reposent sur des opérations essentiellement humaines. Sans doute, une fois cette loi établie qui associe états cérébraux et états mentaux, une machine pourrait également l'appliquer et indiquer alors à partir d'une mesure de l'état cérébral l'état mental du sujet. Mais cette machine ne ferait que dupliquer une opération déjà accomplie par l'esprit. L'établissement de la corrélation exige en effet une observation en première personne par laquelle l'autocérébroscopiste associe d'abord ses propres états mentaux aux états cérébraux qu'il distingue à l'écran. C'est donc bien l'esprit qui se corrèle au cerveau. Le cérébroscope, la machine, ne sert qu'à faire apparaître le cerveau qui est caché au regard humain.

En cela, la lecture cérébrale, telle que l'imaginent les neurosciences actuelles, se différencie de ces méthodes plus anciennes car elle repose essentiellement sur le travail de la machine. C'est un ordinateur qui, entraîné par le savant, établit cette corrélation permettant ensuite de repérer les traces cérébrales de

1. *Ibid.*, p. 519.

nos états mentaux. Le savant a un rôle sans doute, au départ, pour entraîner la machine : distinguer les états mentaux que la machine doit pouvoir repérer dans le cerveau des utilisateurs, être amoureux par exemple, et lui montrer ensuite un certain nombre de cerveaux possédant ces propriétés, des cerveaux amoureux, et d'autres ne les possédant pas. Ensuite, le savant peut laisser la machine travailler. Il n'a pas besoin de suivre ses calculs ni de se préoccuper des modalités de cette corrélation entre l'intérieur et l'extérieur. On peut imaginer que des calculs si complexes qu'ils dépassent absolument les capacités humaines finissent par être nécessaires : personne ne pourrait alors les refaire ni, par conséquent, comprendre comment l'ordinateur procède pour lire la pensée dans le cerveau.

Le savant et son comparse, le rôle de ce dernier

L'autocérébroscope de Feigl semble avoir trois défauts : il suppose que les états mentaux se définissent de la même façon, avec la même exactitude, que les états cérébraux ; il suppose que les états cérébraux pertinents soient suffisamment simples pour être distingués par le savant lui-même ; enfin, il représente dans l'article de Feigl un dispositif transparent qui ne se prête pas en tant que tel à la fiction. En effet, l'appareil dans le texte de Feigl est défini par sa fonction : présenter des états cérébraux susceptibles d'être corrélés aux états mentaux. Or cette corrélation ne peut pas être avérée, vérifiée empiriquement pour ainsi dire, de l'intérieur d'une fiction, puisque le savant n'obtiendra jamais que des corrélations ponctuelles et, du reste, toujours susceptibles d'être mises en doute entre tel état mental et tel état cérébral. L'appareil ne semble donc pas pouvoir passer dans la fiction avec la fonction même que lui donne Feigl. Ou, du moins, il faut rendre compte dans la fiction de la façon dont le savant et les personnages qui l'entourent se convainquent que l'appareil permet de lire la pensée dans le cerveau. Et en retraçant la généalogie de cette croyance, qu'elle soit propre au savant ou commune à la société à laquelle il appartient, on laisse libre le lecteur de douter de son côté que l'appareil fonctionne réellement.

Une solution, à mes yeux, est de donner un comparse au savant, un publiciste par exemple comme Trams, pour nous amener – nous dans la fiction – collectivement à cette conviction que le BR permet en effet de lire la pensée – images, discours intérieur, mensonge, intention. Le travail du savant lui-même est de constituer la machine qui doit repérer dans nos cerveaux ces pensées. Cette machine lui échappe ensuite. Les BR sont diffusés massivement et peu à peu entraînés par chacun d'entre nous. Réussissent-ils alors à décoder nos états mentaux ? Comment procèdent-ils ? Cela n'importe pas. Il suffit, pour que la machine fonctionne, que nous puissions nous conformer à ses diagnostics ; que le sujet dont la machine affirme qu'il est amoureux se comporte en conséquence ; ou, finalement, que le sujet soit convaincu du bon fonctionnement de la machine, à tel point qu'il se comporte en amoureux lorsque le BR le lui indique. Peut-être ne savait-on pas être amoureux avant de le lire sur l'écran de sa machine, mais il arrive aussi dans la vie, sans BR, d'apprendre brusquement être amoureux à certaines attitudes que l'on prend sans d'abord y penser ou parce qu'un tiers nous le fait remarquer. Pourquoi alors ne pourrait-on pas le découvrir sur un lecteur cérébral ?

C'est l'hypothèse qui guide ce travail : pour rendre possible un lecteur cérébral qui lise la pensée dans le cerveau, il suffit que, collectivement, nous nous convainquions de sa possibilité, cela dans la mesure où l'appareil nous offre une forme de vie sans incohérences manifestes. Il n'est pas nécessaire d'admettre que les intentions, le mensonge, la pensée au sens où nous l'entendons aujourd'hui, soient lisibles par la machine. La question de savoir si la machine peut lire la pensée au sens où nous l'entendons aujourd'hui ne se pose même plus dès lors que nous acceptons que la machine lit la pensée. La pensée au sens où nous l'entendons aujourd'hui n'a justement plus cours : la pensée, c'est ce que lit la machine.

C'est pourquoi également s'évanouit cet autre défaut dont l'autocérébroscope se trouvait entaché : que les états mentaux ne se définissent pas avec la même exactitude que les états cérébraux. Dans la mesure où nous acceptons que les états mentaux sont déterminés par la machine qui observe nos cerveaux, nous changeons le sens du concept de mental et de toutes ses spécifications, de sorte que les états mentaux se définissent alors en effet de la même façon que les propriétés cérébrales.

Le mental comme épithète logique

Je reprends une thèse de Wittgenstein. L'introduction de ces machines qui permettraient de lire l'intérieur dans l'extérieur, de lire dans le cerveau la pensée, les émotions, les intentions, modifierait non seulement nos comportements mais nos concepts. « Si, comme je l'ai imaginé, les hommes pouvaient effectivement voir fonctionner le système nerveux d'autrui et régler là-dessus leurs rapports avec les autres, alors ils n'auraient pas du tout le même concept de douleur que nous, c'est du moins ce que je crois ; peut-être cependant auraient-ils un concept apparenté au nôtre. Leur vie *aurait un aspect totalement autre que la nôtre.* »[1]

J'ai déjà évoqué ce passage lorsque j'essayais de mettre en scène le cérébroscope de Feigl. La douleur, dans la forme de vie qui est la nôtre, est un élément privé : je sais et je suis le seul à savoir pour sûr si je souffre ou non. Mais nous pouvons aussi bien imaginer disposer d'appareils qui repèrent de l'extérieur la douleur ou dont nous soyons convaincus qu'ils le font[2].

1. L. Wittgenstein, *L'Intérieur et l'Extérieur*, *op. cit.*, p. 120.
2. Cf. en particulier, V. G. Hardcastle, C. M. Stewart, « fMRI : A Modern Cerebroscope ? The Case of Pain », art. cit.

Nous n'interrogeons plus alors le sujet pour déterminer s'il souffre, nous l'examinons à l'aide de notre BR et n'acceptons qu'il souffre qu'à la condition que la machine le confirme. Nous nous conformons à ce jeu. Nous emmenons chez le médecin les enfants qui souffrent en ce sens et eux seuls. Les médecins du reste commencent par mesurer la douleur de leur patient à l'aide de leur BR et ne soignent que ceux dont la machine reconnaît la douleur. Peut-être parlons-nous de « douleurs apparentes » chez ces patients qui se plaignent alors qu'ils ne « souffrent » pas. Ou bien nous inventons un nouveau genre de folie où le patient imagine à tort souffrir. Cette folie peut bien être fatale, le sujet mourant dans des douleurs apparentes.

Le concept de douleur peut changer, la douleur se transformer en un phénomène objectif au même titre que la fièvre que l'on mesure avec un thermomètre. La douleur est du reste un exemple limite et, si les BR restent imprécis, l'on ne se débarrassera sans doute pas de ces douleurs apparentes. En revanche, nos émotions comme nos intentions me semblent pouvoir être entièrement réduites à leurs analogues objectifs. Il faudra sans doute que la machine ne commette pas régulièrement d'erreurs grossières. Mais, on le sait bien, il suffit que l'on nous dise que nous avons l'air fatigués pour que nous nous sentions fatigués. Le même phénomène se produira pour l'amour, la tristesse ou la joie. Le seul fait de lire sur le BR notre tristesse nous rendra tristes. Un diagnostic repérant un sentiment amoureux fera naître en nous un amour, peut-être vague d'abord. Ou au contraire le BR cherchant en vain l'amour dans notre cerveau nous conclurons à une impression passagère qui disparaîtra du reste bientôt – à moins que la machine soit entraînée pour reconnaître l'amour dans un cerveau qui l'interroge à ce propos plusieurs fois dans un laps de temps suffisamment court. Bref, si Lacan pouvait affirmer que le désir est toujours le désir de l'Autre, cet Autre est dorénavant la Machine.

Quoi qu'il en soit de cette dernière substitution, le concept de mental se définit dans un jeu où nous convenons de considérer ce qui est « mental » comme une sphère privée, propre au sujet. Et ce jeu, dans d'autres circonstances, nous pourrions le modifier. C'est en ce sens que Wittgenstein note : « "Mental" n'est pas pour moi une épithète métaphysique mais logique. »[1] Je ne fais que développer cette idée. Je force en revanche le texte de Wittgenstein en m'attachant à imaginer le passage d'un jeu à un autre avec l'introduction des BR. « Reste enfin la question de savoir si nous renoncerions à un jeu de langage qui repose sur une "évidence impondérable" et conduit souvent à une incertitude dans le cas où nous pourrions l'échanger contre un jeu exact qui aurait *grosso modo* des conséquences semblables. Nous pourrions, par exemple, travailler avec un "détecteur de mensonges" et définir de façon nouvelle le mensonge comme ce qui fait dévier le détecteur. La question est donc : modifierions-nous notre forme de vie si telle ou telle chose était mise à notre disposition ? – Et comment pourrais-je y répondre ? »[2]

Le jeu que nous adoptons à propos du « mental » ne nous permet, de l'extérieur, que de deviner, sans posséder aucune loi et en restant parfois dans l'incertitude, les sentiments, les intentions, la pensée du sujet. L'introduction de lecteurs cérébraux pourrait modifier ce jeu, en éliminer l'incertitude, avec pour conséquence que nos sentiments seraient ainsi visibles de l'extérieur, étalés au grand jour. Franchirions-nous le pas ? Si nous pouvions disposer de lecteurs cérébraux, les utiliserions-nous ?

À mes yeux, la fiction est une façon de répondre à la question. Une fiction qui emporte l'adhésion exprime une situation possible. En esquissant une fiction où le savant Smart et ses deux acolytes, les cousins Trams, développent des lecteurs cérébraux, j'entends donc montrer que ces appareils sont des possibles, tout comme les transformations qu'ils entraînent dans nos vies. À l'inverse, pourrait-on proposer une fiction qui introduirait des lecteurs cérébraux que nous n'utiliserions pas et

1. L. Wittgenstein, *L'Intérieur et l'Extérieur*, *op. cit.*, p. 83.
2. *Ibid.*, p. 211.

qui ne changeraient rien dans notre usage du « mental » ? Je ne vois pas comment une telle fiction emporterait mon adhésion. Si j'accepte la constitution d'un lecteur cérébral, j'attends qu'on utilise l'appareil et qu'il transforme nos vies. Je fermerais le livre en soupirant si l'auteur m'amenait à imaginer un lecteur cérébral pour n'en rien faire ensuite. J'en conclus que ce détecteur de mensonges qu'évoque Wittgenstein modifierait nécessairement notre forme de vie.

Le problème du corps et de l'esprit

Admettons que le BR réussisse à déceler ces éléments définis de notre vie que sont les images, les souvenirs, le discours intérieur – ce numéro de téléphone par exemple que je répète dans ma tête pour le mémoriser – et les douleurs. Je repense aux vacances de l'été dernier et l'image d'un enfant jouant au ballon apparaît sur l'écran. Si se dessinait une scène de neige, il me faudrait bien reconnaître une disjonction entre ce qui se passe dans mon esprit et ce que saisit le lecteur dans mon cerveau. Admettons donc que cette claire disjonction n'ait pas lieu. Il reste possible que j'apprenne sur le BR avoir l'intention de partir cette année à la montagne quand je croyais vouloir retourner à la mer mais, bien convaincu que le lecteur capture mes intentions véritables, je réserve aussitôt une place dans un camping des Pyrénées.

Le BR a alors une importante application en philosophie. Il permet enfin de résoudre le problème du corps et de l'esprit. Le mental est maintenant défini à partir des structures cérébrales que distingue le BR. Il n'est plus question de rapporter le mental à un contexte – le contexte de ma vie, le contexte d'une communauté sociale – où se définirait par exemple le sens de mes intentions : la machine est capable de saisir mon intention dans mon cerveau, c'est donc que mon intention, ou la réalité à laquelle renvoie ce phénomène, est tout entière contenue dans mon cerveau. D'autre part, ces états ambigus comme l'était le sentiment amoureux à une autre époque – quand on ne savait pas si l'on était amoureux – ont entièrement disparu. Nous pouvons donc comme le voulait Feigl identifier le mental et le physique, l'esprit et le cerveau. Le mental, l'intention de partir à la montagne, le sentiment amoureux en tant que vécu, sont un autre aspect d'une réalité que découvre le lecteur dans le cerveau. La structure cérébrale et l'état mental qui lui correspond sont deux aspects, coextensifs, d'une même réalité.

Si le diagnostic du BR était seulement approximatif, il resterait sans doute certains points d'achoppement à cette théorie de l'identité. Les douleurs apparentes en seraient un exemple : cette sensation dans mes gencives que le lecteur de cerveau ne distinguerait pas. Il serait difficile de lui donner un statut. Si les douleurs apparentes étaient rares, il resterait possible, pour le philosophe, d'en nier absolument l'existence – un peu comme certains philosophes de l'esprit refusent l'inconscient de la psychanalyse. Ou bien il faudrait les rapporter à un autre élément. Par exemple, considérer que le patient croit souffrir et régler les lecteurs pour déceler cette souffrance apparente, lorsque le patient grimace sans que ne s'activent dans son cerveau les zones supposées correspondre à la douleur. La douleur apparente deviendrait alors elle aussi un état coordonné et identifiable à une structure physique susceptible d'être décelée par le BR.

Le lecteur cérébral peut donc être entaché de certaines imperfections ou rester tout à fait approximatif, concernant même des éléments définis de notre vie comme la douleur, sans que cela nuise forcément à sa diffusion et à la redéfinition du « mental » qui en suit. Dans la mesure ensuite où les états mentaux, que l'on suppose être vécus par le sujet, sont susceptibles d'être décryptés dans le cerveau et, par conséquent, sont inscrits dans le cerveau, on peut accepter que l'esprit, avec ses douleurs, ses émotions, ses souvenirs, son discours intérieur ou, en un mot, ses pensées, et le cerveau dont le BR analyse les structures représentent une seule et même chose, considérées d'un côté et de l'autre sous deux aspects différents. La théorie de l'identité, telle que la met en place Feigl et dont on trouverait les linéaments dans le système de Spinoza – j'y reviendrai –, est une solution possible au problème du corps et de l'esprit. C'est par accident finalement que, dans la forme de vie qui est aujourd'hui la nôtre, le mental ne s'identifie pas au cérébral. Il faut dire cependant que se crée du même coup un autre problème.

Le sujet

« Je suis *incapable* de m'observer comme le font les autres. Incapable de me demander : "Qu'est-ce qu'il va faire maintenant, celui-là ?" »[1] Cela, Wittgenstein pouvait l'affirmer avant l'introduction du BR. Mais, disposant d'un BR et convaincu que celui-ci capture parfaitement mon état d'esprit, je l'interroge chaque matin, ce qui est plus simple et plus sûr que de m'interroger moi-même, plus simple parce que je n'ai pas à réfléchir et plus sûr parce qu'il arrive que je sois dans l'erreur et m'attribue une intention que ne reconnaîtra pas le BR – certains matins par exemple où je commence à penser vouloir rester au lit alors que le BR met en évidence mon intention d'aller travailler. Donc j'observe mon BR qui réfléchit, mon propre visage se dessine sur l'écran auquel la machine va attribuer toutes sortes d'intentions et je me demande : « Qu'est-ce qu'il va faire maintenant, celui-là ? »

« Si j'écoutais les paroles qui sortent de ma bouche, alors je pourrais dire qu'un autre parle par ma bouche. »[2] C'est bien quelque chose de semblable qui a lieu lorsque j'attends que mon BR me donne mes intentions du jour. C'est que, bien que je me conforme à ses intentions, je ne suis pas ce cerveau qu'interroge le lecteur. Il est impossible que je sois ce cerveau, puisqu'il est susceptible d'indiquer que je mens. Mon cerveau n'annonce

1. *Ibid.*, p. 22.
2. *Ibid.*, p. 23.

pas, dans cette sorte de langage qu'il partage avec le BR : « Je mens. » Ce serait un paradoxe sans solution : le menteur, s'il ment, dit la vérité, et s'il dit la vérité, ment. Si mon cerveau peut me trahir, dénoncer comme mensonge les paroles que *je* prononce, c'est que *je* ne suis pas ce cerveau.

L'inconnu

« L'inconnu de la vie des êtres est comme celui de la nature, que chaque découverte scientifique fait reculer mais n'annule pas. »[1] Ici, Proust ou son narrateur se trompe. L'inconnu de la vie des êtres, c'est-à-dire leur vie intérieure, *n'*est *pas* comme celui de la nature. En effet, l'inconnu dans la nature semble tenir à ce que certains éléments, certains contenus échappent à notre observation – parce qu'ils sont trop petits, trop lointains – et restent donc à découvrir, comme il reste toujours à l'explorateur des paysages à découvrir derrière l'horizon. Mais ce n'est pas de cette façon que la vie intérieure des autres nous échappe.

Les pensées d'Albertine, maintenant que Marcel peut les examiner au moyen de son BR, lui sont entièrement connues. Marcel peut observer tout ce qui se passe dans la tête d'Albertine : les images, les visages en particulier qui lui viennent à l'esprit, son discours intérieur, ses intentions, ses mensonges. La jeune fille, c'est vrai, pratique le lavage de cerveau. Avant de retrouver son ami, elle s'efforce de s'ôter de l'esprit tout ce qui pourrait le blesser. Mais ces visages qu'elle élimine de son esprit ne représentent pas un contenu qui serait caché ou inaccessible. Précisément, elle n'y pense plus. Il ne reste donc rien dans l'esprit d'Albertine que Marcel ne puisse observer au moyen de son appareil. C'est la subjectivité même d'Albertine qui lui échappe : ce *je* qui peut travailler à oublier, à modifier le

1. M. Proust, *La Prisonnière*, *op. cit.*, p. 237.

contenu de son esprit, les structures de son cerveau, sans lui-même n'avoir aucun contenu ni, par conséquent, s'inscrire dans le cerveau.

Par ailleurs, si l'on peut en effet rêver à un visage et le voir alors de l'œil de l'esprit, ce n'est pas forcément de cette façon – en laissant flotter devant soi une image que pourrait saisir le BR – que l'on pense à quelqu'un. Marcel le note lui-même : « [...] ce que j'appelais penser à Albertine, c'était penser aux moyens de la faire revenir, de la rejoindre, de savoir ce qu'elle faisait. De sorte que si, pendant ces heures de martyre incessant, un graphique avait pu représenter les images qui accompagnaient ma souffrance, on eût aperçu celles de la gare d'Orsay, des billets de banque offerts à Mme Bontemps, de Saint-Loup penché sur le pupitre incliné d'un bureau de télégraphe où il remplissait une formule de dépêche pour moi, jamais l'image d'Albertine. »[1]

Avec les moyens de son époque, sous la forme d'un « graphique », Marcel rêve déjà de ce lecteur de cerveau qui permettra en effet à l'utilisateur de suivre les pensées, les images qui traversent l'esprit, le sien comme celui d'Albertine. Mais il met également le doigt sur l'une des limitations du dispositif. C'est qu'observant dans le cerveau d'Albertine un défilé d'images, analogue à celui qu'il décrit dans ce passage, il ne reconnaîtra pas forcément l'être à qui elle pense, ni même qu'Albertine pense à un être déterminé. Il reste donc un inconnu de la vie d'Albertine, sa subjectivité et la signification générale que prennent pour elle ses contenus mentaux, mais cet inconnu n'est pas du même ordre que celui de la nature : il n'est pas un contenu, analogue à une planète ou une particule, qu'il resterait à découvrir.

1. M. Proust, *La Fugitive*, in *À la recherche du temps perdu*, vol. 3, *op. cit.*, p. 379.

Le pandémonium

« “Jérémie, répliqua Mme Clennam de sa voix forte et caverneuse, la colère qui vous possède est un démon furieux, prenez-y garde.”

– “Que ce soit un démon ou une douzaine de démons qui me possèdent, peu m'importe”, riposta Jérémie dont le ton annonçait clairement qu'il y en avait plutôt une douzaine. “S'il y en avait cinquante, ils diraient tous : Pas de ces bêtises-là avec moi, je ne le souffrirai pas. Et s'ils ne voulaient pas le dire, je les y forcerais.” »[1]

Le philosophe Daniel Dennett décrit l'esprit comme une sorte de théâtre, le pandémonium, où différents démons agissent indépendamment les uns des autres. Ils représentent chacun l'action d'un module du cerveau qui travaille pour son propre compte. Nous aurions donc en effet une douzaine ou, peut-être, plus de démons qui parlent en nous. Et la réponse de Jérémie à Mme Clennam s'applique parfaitement à l'image que donne Dennett. *Je* peux toujours me détacher de ces personnages qui m'habitent et m'efforcer de les réduire au silence ou de leur faire dire autre chose, à défaut d'y toujours parvenir. *Je* ne suis pas la simple multiplicité de ces démons mais un sujet, un *je*, qui ne se réduit ni ne s'identifie adéquatement à aucun des personnages que produirait le cerveau.

Le *je* du *je pense*

Dans la première de ses *Méditations métaphysiques*, Descartes fait l'hypothèse d'un malin génie qui le tromperait et, en particulier, lui donnerait l'illusion de se trouver plongé dans

1. Ch. Dickens, *La Petite Dorrit*, trad. fr. W. L. Hughes, Paris, Hachette, 1894, chap. XV, p. 184.

ce monde et logé dans ce corps. Le malin génie, cependant, ne peut pas faire de l'existence elle-même une illusion. Si je m'imagine dans la situation que décrit Descartes, si j'imagine le monde réduit à une illusion et si je tente de douter de ma propre existence, dans cette tentative même, je pense et, pour penser, il faut bien que je sois. Selon la formule célèbre : « Je pense donc je suis ». Quoi qu'il en soit du monde extérieur, je suis en tant que je pense. C'est en tant que chose pensante que j'établis mon existence. Mais le problème est ensuite de déterminer le rapport entre cette chose qui pense et le corps, que j'ai tendance à m'attribuer. C'est le problème du rapport entre le corps et l'esprit.

Maintenant, l'introduction de lecteurs cérébraux résout, ou déplace, ce problème du corps et de l'esprit. Chacune de mes pensées, c'est-à-dire chacun des états mentaux – images, discours, intentions –, que dans cette transformation du « mental » je suis conduit à m'attribuer, se trouve corrélée à un état de mon cerveau. On peut dire que mes pensées et les états de mon cerveau, mon esprit et mon cerveau, renvoient à une même réalité ou représentent une même chose sous deux aspects, un peu comme les deux faces d'une même pièce. Mes pensées sont, pour ainsi dire, l'envers des états de mon cerveau.

Il reste cependant la question du *je* dans le *je pense*. Si le contenu de pensée peut être corrélé à un état cérébral, cette corrélation même isole un sujet, un *je*, qui n'est pas un contenu de pensée et n'est donc pas touché par cette corrélation. Bref, le problème ne concerne donc plus le rapport de la « pensée », de l'esprit, au cerveau. La question est celle du statut du sujet.

Le problème de Proust et celui d'Hitchcock

Dans ses entretiens avec Truffaut, Hitchcock rapporte le suspense à un contraste entre l'ignorance du personnage et la connaissance du spectateur. Il y a suspense lorsque l'un des personnages ignore quelque chose qui le met en danger mais que les autres protagonistes et les spectateurs eux-mêmes connaissent. De sorte que nous voudrions lui crier ce qu'il ignore et que les autres, dans le film, ne peuvent ou ne veulent pas lui dire. Ainsi, à la fin de *La Mort aux trousses*, Eve Kendall prépare ses valises dans sa chambre à l'étage, ignorant que les deux espions en bas ont décidé de la tuer durant le voyage, ce que nous avons entendu, ainsi que Roger Thornhill qui dehors, de l'autre côté des vitres, s'efforce de lancer des cailloux contre les carreaux pour prévenir la jeune femme. Et elle ne l'entend pas, pas plus qu'elle ne nous entendrait si nous criions.

Je veux distinguer deux problèmes. Le premier que j'appellerai le problème d'Hitchcock est de savoir ce que l'autre a « dans la tête ». Et il est annulé par le lecteur de cerveau qui rend visibles les pensées, les intentions des autres. Munie de son BR, les yeux de sa machine entrant dans le cerveau des espions, Eve prendrait connaissance, rien qu'en traversant lc salon, de leurs intentions : elle saurait qu'ils se préparent à la tuer. Avec le BR, les intentions, les pensées sont publiques et il n'y a plus de suspense. Tout le monde sait ce que chacun a dans la tête.

Marcel, le narrateur de Proust, veut aussi savoir ce qu'Albertine a dans la tête mais – c'est ce que j'ai essayé de montrer – cela ne lui suffirait pas. La jalousie ne veut pas seulement connaître les intentions de l'autre, elle veut aussi rendre impossible sa fuite, posséder l'autre entièrement, et se confronte alors à son être même de sujet. Le second problème, que j'appellerai le problème de Proust, est de saisir la subjectivité même de l'autre, laquelle se manifeste particulièrement dans le mensonge, le *je mens*, ou, disons plus largement, par l'impossibilité de réduire le *je* à un ensemble de contenus, à ce que *j'*ai dans la tête. Or ce sujet résiste à l'usage du lecteur de cerveau. Et il s'agit justement de savoir ce que devient la subjectivité dans ce régime nouveau où la pensée se lit dans le cerveau.

L'esprit mécanique et le sujet-machine

Nous observons nos souvenirs sur l'écran du BR et, à force d'extérioriser ainsi ces images, nous n'avons plus d'autres souvenirs que ceux que nous montre la machine. La machine est susceptible de suivre, de répéter les discours que nous tenons intérieurement. Elle détermine nos intentions – sans que l'on sache si elle découvre des intentions que nous aurions formées sans elle ou si, de son propre chef, elle nous donne des intentions que nous nous contentons d'adopter. Quoi qu'il en soit, l'esprit, dans son contenu, est entièrement mécanisé. Il procède maintenant mécaniquement puisque la machine peut en reproduire les opérations, en développer le contenu.

L'introduction des BR a, pour ainsi dire, réalisé les hypothèses de la métaphysique classique, celles du système que décrit Spinoza dans son *Éthique* ou celles de l'harmonie préétablie que fixe Leibniz. Le fil de nos « idées », de nos pensées est, en effet, parallèle à celui des mouvements corporels. C'est une machine qui assure ce parallélisme, qui fait se correspondre et permet de retrouver, par simple codage et décodage, le mental et le cérébral. La machine est dans la position du Dieu de la métaphysique classique. Le Dieu qui règle l'une sur l'autre ces deux horloges que sont le corps et l'esprit, c'est maintenant une machine tentaculaire, une multitude de BR reliés chacun à une gigantesque mémoire, un fichier où se trouvent les paramètres permettant la traduction mentale de nos structures cérébrales.

Peut-être une telle mécanisation de l'esprit est-elle nécessaire à la résolution du problème du corps et de l'esprit. Avant d'ouvrir ce problème, Descartes a d'abord décrit le corps comme une machine, une sorte d'horloge. Et il est vraisemblable que le caractère apparemment insoluble du problème du corps et de l'esprit, dans la philosophie moderne, ait tenu précisément à la difficulté de coordonner un corps mécanique à un esprit qui ne l'était pas. Il fallait donc mécaniser l'esprit pour le rapporter au corps, et c'est ce que réalise l'usage du lecteur cérébral.

Il reste que *je* ne me réduis pas à cet esprit mécanique. *Je* ne suis pas autre chose, puisque *je* n'ai en propre aucun contenu. *Je* ne suis rien qui puisse se décrire. Toute tentative de décrire le sujet par ses « pensées », en terme de contenu, l'identifie à nouveau à l'esprit, un esprit qui est maintenant mécanique. Nous devenons, en nous soumettant à la lecture cérébrale, des sujets-machines : des machines, corporelles et mentales, qui possèdent une subjectivité ; des sujets que l'on ne peut décrire que comme des machines.

Pourquoi des sujets ?

Pourquoi sommes-nous des sujets et pourquoi devenons-nous des machines ? Je n'aurai pas d'objection à la thèse que c'est seulement en nous inscrivant dans une structurc extérieure à nous-mêmes que nous nous faisons sujets : la structure du langage naturel qui autorise des énoncés comme celui du menteur ; la structure d'une « interpellation », pour reprendre la formule d'Althusser, telle que, dès notre venue au monde, on s'adresse à nous comme à un sujet ; une structure sociale, politique, peu importe ici. Il serait possible de chercher à retracer la constitution de notre position de sujet, et cela en rapportant notre subjectivité au contexte d'une forme de vie. Le caractère alors second, fondé, de notre position de sujet n'enlèverait rien à sa réalité. Quelle qu'en soit l'origine, nous sommes des sujets, des *je* qui ne s'identifient qu'inadéquatement aux différents personnages que l'on – en l'occurrence, le mécanisme du BR – nous fait jouer. Et cette position de sujet pourrait se maintenir alors même que se défait la forme de vie qui lui a donné naissance. Les formes de vie, comme les fictions, sont susceptibles de donner naissance à des idées, des structures, des problèmes qui prennent ensuite une certaine indépendance par rapport à elles.

Pourquoi des machines ? Les automates sans âme

« Une tribu que nous voulons réduire en esclavage. Le gouvernement et les savants propagent partout que les membres de cette tribu n'ont pas d'âme ; qu'on peut donc sans scrupule les employer à n'importe quelle fin. Naturellement, nous n'en sommes pas moins intéressés par leur langue ; car nous devons par exemple leur donner des ordres et recevoir d'eux des renseignements. Nous voulons également savoir ce qu'ils disent entre eux, car cela fait un tout avec le reste de leur comportement. Mais ce qui correspond chez eux à nos "expressions psychologiques" doit aussi nous intéresser, car nous voulons les conserver en état de travailler, et c'est pourquoi la façon dont ils expriment la douleur, le malaise, la dépression, la joie de vivre, etc., a de l'importance pour nous. Mieux, nous avons découvert que l'on peut utiliser ces gens avec un bon résultat en tant qu'objets de recherche dans des laboratoires de physiologie et de psychologie, étant donné que leurs réactions – y compris leurs réactions langagières – sont tout à fait celles d'hommes doués d'âme. J'admets que l'on aurait également découvert que ces automates, grâce à une certaine méthode, qui est tout à fait semblable à notre "enseignement", peuvent apprendre notre langue à la place de la leur. »[1]

Pouvons-nous, et pourquoi, imaginer des hommes sans âme, des « zombies » pour utiliser un terme que Wittgenstein n'emploie pas, des êtres qui de l'extérieur nous ressembleraient, manifestant les mêmes signes de l'émotion, susceptibles d'utiliser le même langage, mais n'auraient pas d'âmes ou pas d'esprit ? Wittgenstein décrit un contexte où, du moins, prend sens l'image de ces hommes sans âme. Les hommes sans âme, ce sont ici des

1. L. Wittgenstein, *Remarques sur la philosophie de la psychologie I*, trad. fr. G. Granel, Mauzevin, TER, 1989, p. 31-32. Cf. aussi. H. Putnam, *The Threefold Cord*, New York, Columbia University Press, 1994, p. 89 sq.

esclaves que nous voulons faire travailler comme des bêtes et non comme des hommes. Évidemment, lorsque, en métaphysique, nous jouons avec l'hypothèse de « zombies », des corps animés des mêmes mouvements que les nôtres, y compris la parole, mais dépourvus d'expérience intérieure, nous ne croyons pas faire référence à des esclaves. Est-ce pourtant le cas ? L'idée de Wittgenstein semble être que le métaphysicien reprend en effet cette image de l'esclave « homme sans âme » pour la tirer hors de son contexte, mais ne réussit à lui donner un sens que dans la mesure où ce contexte reste présent, en arrière-fond. Nous ne comprendrions pas ce que seraient des « zombies » si nous ne gardions dans le fond de notre esprit l'image de l'esclave.

Quoi qu'il en soit, l'usage immodéré du lecteur cérébral nous transforme en machines mais non en de tels zombies. C'est notre vie intérieure qui est mécanisée : elle n'est pas niée, elle est seulement transformée. Ce n'est pas que nous n'avons plus d'émotions, que nous sommes dépourvus d'intentions. C'est seulement que celles-ci ne se définissent plus de la même façon – puisqu'elles sont lisibles de l'extérieur – et ne sont plus forcément les mêmes – si nous nous conformons à celles que nous dicte la machine. Cependant, ce devenir-machine peut-il être rapporté à une forme de vie telle que celle qu'évoque Wittgenstein ?

Par exemple, la société qui verrait naître les BR est déjà telle que, pour l'immense majorité d'entre nous, nous travaillons, comme des machines, pour le compte d'un autre. Nous sommes salariés, nous vendons un travail dont nous ne bénéficions pas ou seulement en partie. Nous sommes exploités. Comme une machine, nous produisons un objet – au sens le plus large – dont un autre dispose, lequel se contente de nous laisser de quoi reconstituer notre force de travail comme on entretient une machine. Peut-être faut-il, pour que nous acceptions cette situation, que l'on nous convainque que nous sommes en effet des machines. Ou peut-être le fait que nous acceptions cette situation nous conduit à vouloir nous voir comme des machines : à considérer d'abord nos corps comme des machines puis à étendre cette mécanisation à l'esprit. C'est pourquoi alors nous rêverions de lecteurs cérébraux qui complètent notre mécanisation pour nous transformer enfin en des machines, des sujets-machines.

En m'inspirant de ce passage de Wittgenstein, puis-je rapporter le devenir-machine qu'induit la lecture cérébrale à cette forme de vie que représente, pour le dire en un mot, le capitalisme ? Puis-je considérer la lecture cérébrale, telle que l'imaginent les neuro-savants, comme la tentative la plus récente du capitalisme pour enfin faire de nous des machines ? Peut-être, mais il n'en resterait pas moins – et contrairement à ce que l'on tirerait des textes de Wittgenstein – que ces idées de lecture cérébrale, de mécanisation de l'esprit, si elles sont d'abord portées par une fiction dans le cadre d'une certaine forme de vie, doivent pouvoir acquérir une certaine indépendance par rapport à elles, poser des problèmes qui gardent un sens hors de cette fiction et, finalement, se prêter à des discours contradictoires, susceptibles en principe de déborder l'idéologie dans laquelle ils ont d'abord pris source.

10

Le monde du BR : un futur indéterminé

Un vendredi, en fin d'après-midi, au printemps, l'un des premiers beaux jours, les Buttes-Chaumont attirent la foule. Les gens sont serrés sur les bancs ou allongés les uns à côté des autres dans l'herbe sous le soleil déclinant. Les arbres déploient généreusement leur verdure dans le ciel un peu sale de la ville. Quelques immeubles se dressent au loin. On entend encore les cris des enfants qui jouent et la rumeur des voitures au-delà des grilles. Rien ne semble avoir changé. Ou seulement quelque chose dans l'attitude de ces citadins en mal de nature, quelque chose dans leur regard, fixe ou brusquement pris d'une sorte de tremblement, toujours détourné comme pour observer un objet sur la droite. Leurs yeux aussi prennent des reflets mobiles si nous nous approchons. C'est un détail bien sûr, un détail qui nous cache la véritable révolution qui s'est opérée dans le monde humain. Observons attentivement ce qui se passe autour de nous, regardons bien ces visages, écoutons : personne ne parle.

Il y eut une époque – dans les premières années du XXIe siècle – où il était presque impossible de se promener dans un parc sans parler. Parler rapidement à la personne à côté de soi, parler fort à un groupe d'amis ou doucement, tout seul, dans un téléphone portable. C'est l'inverse maintenant. Seuls les fous continuent à parler. Les gens normaux ne disent rien, jamais rien.

L'appareil se remarque à peine. Ce sont d'abord deux points noirs sur le front, des têtes d'épingles pour ainsi dire dont les tiges traversent le crâne et mesurent en permanence l'activité cérébrale de l'utilisateur. Les têtes elles-mêmes de ces épingles regardent vers l'extérieur et sondent les cerveaux alentour. Il n'est plus besoin de consulter un écran. On porte, à même les yeux, des lentilles où sont projetées de petites fenêtres aux vives couleurs. Elles apparaissent normalement sur le côté droit du champ visuel, mais on peut à tout moment y diriger son regard. C'est surtout du regard que l'on commande au BR et accède à ses différentes fonctions : d'un mouvement de l'œil qui se tourne vers la fenêtre désirée.

Imaginons deux amies. Albertine est assise sur un banc avec Andrée. Marcel, chez qui habite Albertine, les oblige à nouveau à se promener ensemble. Elles ne discutent pas de leurs dernières vacances sur la côte normande. Albertine en montre quelque épisode. L'appareil prend un souvenir dans la tête d'Albertine et l'affiche devant les yeux des deux jeunes filles. Elles regardent la scène ensemble ou, plus exactement, chacune sur ses lentilles, leurs yeux fixes, parallèles. Sans un mot mais en le poussant au premier plan, Albertine cherche à identifier le geste qu'esquisse un jeune homme dans le fond.

Puis Albertine change d'avis et, brusquement, d'un bref coup d'œil horizontal, interrompt la projection sans qu'Andrée sache pourquoi. Un instant, Andrée ne voit plus rien. La fenêtre devant ses yeux, qui lui ouvre sur l'esprit d'Albertine, s'est entièrement obscurcie. Enfin, l'image d'une cigarette apparaît, un cylindre rond, clair et net, sur un fond bleu, une de ces images préenregistrées, qui évite à l'utilisateur de visualiser lui-même l'objet. Il suffit de se représenter le geste de fumer, le BR reconnaît la chose et l'affiche dans l'œil de l'autre.

Les deux jeunes filles partagent une cigarette, chacune dans ses pensées, dirions-nous, mais ce ne serait pas tout à fait exact, et pas seulement parce que l'on n'a plus de pensées que celles qui s'affichent sur l'œil. Andrée, en réalité, a tourné son BR vers Albertine, curieuse de comprendre pourquoi son amie avait si brusquement interrompu le fil de leur conversation silencieuse. Elle observe son amie, non pas de ses yeux qui un peu détournés, comme louches, fixent les fenêtres ouvertes sur ses lentilles mais avec les têtes d'épingles qui lui sortent du front. Celles-ci s'activent, scrutent le cerveau d'Albertine sans rien trouver de remarquable. Ce n'est donc pas qu'Albertine soit perdue dans ses pensées. Elle ne pense à rien. Et Andrée attend simplement que quelque chose sorte de cette non-pensée. Quelque chose qui s'exprimera dans une image affichée sur ses lentilles. Elle serre dans sa main la clé de l'appartement inoccupé que lui prête sa tante.

Ce n'était d'abord qu'un gadget qui avait été ajouté sur le BR, du temps où les lecteurs cérébraux étaient encore de petits appareils, rectangulaires, qui se portaient dans la poche. Ce nouveau module permettait de communiquer sans parole. On tournait le BR vers son propre cerveau. On dessinait pour soi-même, dans sa tête, l'objet désiré et le BR en affichait l'image sur l'écran des machines avec lesquelles il était en liaison. Nos savants eux-mêmes n'avaient pas imaginé l'usage qui en serait fait. Ils pensaient surtout aux collégiens qui pourraient plaisanter sans que leurs professeurs les entendent. Ce genre de choses. Ils n'avaient pas songé que cette communication pourrait concurrencer le langage.

Seulement, quand les écrans de ces machines ont été remplacés par des lentilles qui affichaient les images à même l'œil, il est apparu plus discret, plus élégant et, avec l'habitude, plus facile de communiquer ainsi sans bruit. Dans les magasins par exemple. Ou au restaurant le serveur n'a plus besoin d'accrocher ces ardoises mal écrites qui fatiguaient la vue, le menu s'affiche directement sur l'œil au moment où l'on s'assoit. Et au lieu de crier sa commande par-dessus les tables voisines, on indique son choix par un très léger effort de concentration. Peu à peu, on a renoncé entièrement à la parole au profit de ce mode de communication.

Les rues grondent encore du bruit des voitures. Les passants marchent du même pas, se jetant un regard discret en se croisant. La voix humaine ne manque pas. Elle n'a jamais représenté qu'une très petite part de la rumeur des villes. Il faut entrer chez les gens ou, à nouveau, dans un restaurant. La salle ne résonne plus que de bruits de vaisselles et de mastication. Un couple, assis l'un en face de l'autre, se regarde silencieusement, sans paraître s'ennuyer, sans détourner les yeux pour regarder ailleurs sinon d'un commun accord, d'un même mouvement pour observer quelque chose qui reste dans leurs yeux.

Les seules voix que nous puissions entendre appartiennent aux enfants qui n'ont pas encore appris à faire silence : c'est un nourrisson dont les pleurs s'échappent d'une fenêtre ouverte ou, si nous retournons au parc, des bambins qui courent après une balle. Et nous nous rendons compte maintenant de ce que leurs cris ont de particulier. Ils sont inarticulés, comme ceux des enfants sourds.

Le BR fonctionne donc dans les deux sens : de l'intérieur vers l'extérieur et de l'extérieur vers l'intérieur. C'est une façon de parler, bien sûr, car ces catégories n'ont plus vraiment de sens dans le monde qui s'est constitué. La vie a changé mais, pour la décrire, pour y entrer autant qu'il est possible, il faut bien accepter d'utiliser de telles formules, des catégories qui n'ont plus cours ou un vocabulaire psychologique qui reste mal adapté pour décrire les attitudes de nos personnages.

De l'intérieur vers l'extérieur, on transmet, par un effort volontaire, des images ou des mots qui tiennent lieu de langage. Sur un banc, dans le parc, on forme l'image même vague d'une cigarette et l'on jette un coup d'œil tout à fait en bas à droite, ce qui « envoie » dans l'œil de l'autre la représentation d'une cigarette, bien nette, sans aucune des imperfections de l'imagination.

L'autre voit apparaître cette cigarette idéale dans une fenêtre de ses lentilles, image qu'il peut ignorer en refermant la fenêtre ou à laquelle il peut répondre de la même façon, par une image, le dessin d'un paquet vide ou d'un sourire triste qui signifiera : « Désolé. »

De l'extérieur vers l'intérieur, le BR examine le cerveau qui se trouve en face de ses têtes d'épingles et en affiche les pensées. Automatiquement, dans une petite fenêtre sur le côté de la lentille s'inscrit le nom de la personne et défilent les éléments remarquables de son état mental : douleur, inquiétude, être en retard ou contentement, paresse, promenade, etc. Cette description de l'état mental, succincte, peut évidemment contredire les images que l'autre envoie volontairement. Comme si quelqu'un vous demandait une cigarette avec l'intention de voler votre paquet ou votre portefeuille. Ces vols, cependant, ne se produisent pratiquement plus.

La plupart des images que l'on envoie sont entièrement stylisées. Il ne s'agit pas de se représenter la chose dans ses détails. On ne dessine pas dans sa tête l'image d'une cigarette, on imagine plutôt fumer et l'appareil fait lui-même apparaître l'objet désiré. Les objets quotidiens qui nous entourent sont représentés sous une forme simplifiée, vaguement agréable à regarder. Ces images sont anonymes, comme des mots ou des hiéroglyphes. Les sentiments humains, également, sont schématisés par des visages ronds et jaunes qui, par leurs sourires, leurs larmes, balaient l'éventail des émotions élémentaires. Leur signification est devenue en partie conventionnelle. Nous ne reconnaîtrions pas nous-mêmes le signe qu'Albertine envoie à Andrée avant que les deux jeunes filles ne se lèvent. Quoi qu'il en soit, la diffusion de ces lecteurs cérébraux, d'un type nouveau, tient à ce qu'aussi bien la communication, par l'envoi des images, que les mouvements de l'œil qui commandent l'appareil peuvent s'apprendre facilement et, avec l'habitude, ne demandent plus aucun effort.

Dans son principe, le mode du fonctionnement du BR n'a pas beaucoup changé. Les tiges qui s'enfoncent dans le crâne lui permettent de repérer sans erreur les images que l'utilisateur veut transmettre. L'utilisateur se tourne vers son interlocuteur et les images qui se sont formées dans son cerveau sont envoyées à celui-ci. Dans le même temps, l'appareil analyse le visage de l'interlocuteur, identifie la personne par des traits caractéristiques en se connectant à ce fichier, cette gigantesque mémoire, cette sorte d'annuaire où chaque individu est inscrit avec ses paramètres. Il faut donc regarder, un instant du moins, celui dont on veut connaître l'intérieur, le regarder des yeux comme des têtes d'épingles que l'on porte sur le front. Celles-ci entrent en action une fois la personne identifiée et le BR décrypte, aussi bien qu'il le faisait dans le premier quart du XXIe siècle, un état intérieur à partir de l'état cérébral : l'état intérieur de l'autre s'affiche sur les lentilles de l'utilisateur.

Évidemment, cet état intérieur n'a plus rien d'intérieur puisqu'il s'affiche en permanence dans l'œil de ceux qui nous observent. Ces éléments, la douleur ou le plaisir, l'émotion, l'intention, que nous disons « intérieurs », que nous considérons comme « privés » et susceptibles d'être « cachés », ne le sont plus. Ils sont visibles, publics au même titre que l'apparence « extérieure ».

On a, sur ses lentilles, en permanence une fenêtre ouverte où défile la succession de ses propres états mentaux, tels que les autres peuvent aussi les voir. Et on vérifie régulièrement ce qui nous passe par la tête, comme on se regarde dans un miroir. Avec l'habitude, comme on réussit à se servir du BR, à former des images et à les envoyer rapidement et sans effort, on a aussi appris à mieux contrôler ses états « intérieurs ». Mais il arrive encore de voir dans la rue quelqu'un s'arrêter, baisser la tête et se concentrer pour éliminer quelque état un peu honteux ou considéré comme indécent. C'est gênant, bien sûr. C'est un peu la situation d'un homme dans nos rues sorti avec la braguette ouverte et qui doit la reboutonner sur le trottoir.

Le crime, tel que nous le connaissons, a presque entièrement disparu. C'est que chacun est identifié d'un simple regard. Il suffit de passer sous le regard, le regard de n'importe qui, pour que le BR auquel est connecté ce cerveau vous reconnaisse, affiche votre nom et puisse même décrypter vos pensées. La vieille dame n'a donc qu'à jeter un œil sur le jeune homme qui lui arrache son sac pour connaître son nom. Elle n'a pas même besoin de porter plainte, car le BR qui a compris la scène envoie immédiatement les coordonnées du délinquant à la police, qui n'aura plus qu'à le cueillir au moment où il rentrera chez lui. Ce pourrait être un meurtre : du moment que la victime a pu apercevoir le visage de son bourreau, celui-ci est identifié et son identité transmise à la police.

De notre temps, sans doute, les pickpockets opéraient sans qu'on les voie ou sans qu'on les remarque, leur visage restant inconnu à leur victime. Seulement, celle-ci pourrait maintenant lire les pensées derrière ce masque anonyme que revêtait le pickpocket dans le métro, les pensées, les intentions, celles-là mêmes que le pickpocket voudrait cacher et auxquelles il ne pense pas actuellement. Il lui faudrait donc être absolument invisible : ne pas se montrer mais ne pas même montrer ses pensées délictueuses. Existe-t-il encore des pickpockets ? Personne, ici, ne le croit. Les BR pourraient, du reste, fonctionner moins bien qu'on ne s'en est convaincu. Cela ne changerait rien. Il importe seulement que l'on soit convaincu que le crime a presque entièrement disparu. De fait, il reste quelques vols, quelques meurtres même, dont on accuse les « parleurs ».

Les parleurs ont refusé l'usage du BR, de sorte qu'ils sont obligés de continuer à parler. Évidemment, ils ne peuvent parler qu'entre eux, puisque personne d'autre ne parle. En réalité, personne même ne les comprend plus. Mais on en voit déambuler dans le parc, par groupe ou seuls, parlant constamment, comme s'ils craignaient en s'interrompant d'oublier eux aussi l'usage de la parole. Les autres promeneurs s'en écartent. Ceux qui sont assis sur les bancs les suivent des yeux. Les parleurs inspirent un mélange de peur et de dégoût. De peur parce qu'ils échappent au

BR et de dégoût devant ces mouvements incessants de la bouche, cette langue que l'on devine, ces postillons qu'envoie le parleur à la ronde. Les parleurs, pourtant, sont bien inoffensifs. Ce sont des fous, des fous peut-être plus profonds, plus étrangers à la normalité que l'étaient nos fous avant le BR. En tout cas, leur singularité dans ce monde sans parole, la méfiance qu'ils inspirent, leur interdisent de se faire pickpockets.

La police surveille vaguement les parleurs. Mais ce n'est là qu'un aspect tout à fait secondaire de sa fonction. Sa tâche principale ne consiste pas non plus à résoudre des crimes, lesquels n'existent pour ainsi dire plus. Elle est plutôt de repérer et d'éliminer les intentions, les pensées criminelles : les idées de meurtre sans doute qui peuvent errer dans les têtes mais aussi les images obscènes que certains ne réussissent pas à s'ôter de l'esprit ou qu'ils cultiveraient même volontairement si l'on ne les en empêchait pas. Chacun a eu l'expérience, au moins une fois, de croiser un passant qui, avant de s'enfuir, vous laissait dans les yeux une image comme une tache dont vous ne pouviez plus vous défaire. Vous n'aviez pas fait attention à son visage, le voilà parti et vous gardez ce spectacle désolant sous le regard.

C'est ce genre d'individu que traque la police. Un vendredi après-midi, plusieurs patrouilles, chacune étant composée de deux ou trois fonctionnaires, parcourent le parc. Ils marchent lentement, vous regardent dans les yeux et, dans leurs lentilles, surveillent vos pensées pour en vérifier la bienséance, la légalité en réalité.

La diffusion du BR et la possibilité de partager ainsi ses pensées ont rendu cette forme de surveillance tout à fait nécessaire. Il faut dire, cependant, que la présence de la police ne suffit pas à écarter les pensées criminelles. Tout au contraire, elle cristallise parfois des pensées et des comportements aberrants. On a déjà vu des gens se changer en parleurs au moment où passait une patrouille. Ils commençaient à bredouiller puis voilà qu'ils parlaient. Ou ils ont arraché leur BR et se sont enfuis en criant. Apercevant une patrouille, chacun vérifie automatiquement, d'un coup d'œil dans les lentilles, le contenu de ses pensées et assagit peut-être celles qui pourraient être mal perçues. Ce sont des gestes dont on a l'habitude.

On se craint soi-même peut-être mais on ne craint pas la police, qui nous protège des parleurs et des pensées criminelles. Craindre la police, laisser paraître un sentiment de peur devant une patrouille serait du reste à la limite de la légalité. Il y a donc rarement de la peur dans l'œil des passants qui croisent une patrouille mais souvent quelque chose comme une hésitation, un instant d'immobilité dans ces pensées qui défilent au bas des lentilles.

Il n'a pas été difficile de formuler des lois précises concernant les pensées criminelles. Les pensées sont maintenant définies par le BR : ce sont des images, des mots, des intentions, qu'une machine reconnaît et affiche sur un écran. Leur contenu peut être analysé, leurs caractéristiques peuvent être fixées de façon exacte. Et l'on reconnaît, sans ambiguïté, ces pensées criminelles, aussi bien celui qui les entretient que ceux qui les observent de l'extérieur.

Les lois, qui délimitent ainsi le champ de la pensée, sont issues de nos propres lois dans le monde d'avant le BR. Elles visent d'abord la violence et la sexualité, et pourraient être rapprochées de celles qui définissent pour nous les films « interdits aux mineurs ». Ce sont certains mots ou certains contenus visuels qui ont été bannis et sont, pour ainsi dire, devenus tabous. Il est interdit, dans les lieux publics du moins, de les faire figurer dans ses pensées. Une telle image se dessinant sur ses lentilles, l'utilisateur doit en détourner son attention, penser à autre chose et l'éliminer, sans quoi il est susceptible d'être arrêté. La peine encourue dépend du type de pensée entretenue.

On ne risque pas d'entretenir des pensées criminelles sans le savoir, sans s'en rendre compte. On les voit soi-même s'afficher sur ses lentilles. Cependant, on ne sait jamais ce qui peut nous passer par la tête. On en prend connaissance sur l'écran de ses lentilles, mais on ne peut pas deviner à l'avance ce qui va y apparaître. L'expression « passer dans la tête » est du reste trompeuse. Il ne passe plus rien dans les têtes : cela défile sur les lentilles.

Ces images, ces mots, qui expriment ce que nous considérerions comme la pensée de l'utilisateur, constituent-ils un langage ? Ce n'est pas clair. Ils entrent sans doute dans une sorte de communication : on demande une cigarette, on commande son menu, on fait ses courses, sans prononcer un seul mot, à voix haute. Il existe aussi un vocabulaire pour les sentiments, les émotions, les intentions, qui se rapporte à un état que nous dirions intérieur, mental. Mais ces mots ne sont pas véritablement liés par une syntaxe. Ils n'ont pour fonction que de désigner des objets, ou des états. Ils ne permettent pas, et il n'y a peut-être plus besoin, de faire des phrases, de raconter des histoires ou de raisonner. On se contente d'exhiber des images.

Sans doute, ce qui représenterait pour nous des phrases peut encore s'afficher sur les lentilles : « Ça va ? » « Ça va ! » lorsque se croisent dans les allées du parc deux vieux messieurs qui n'ont pas pu se défaire de ces anciennes locutions. Mais eux aussi utilisent ces phrases comme des noms, à nouveau, qui ne font que désigner une attitude, un état, et ne se combinent pas à d'autres mots, comme des verbes ou des prépositions possédant une autre fonction. Cette sorte de communication, avec ce mélange de mots et d'images, est analogue à celle que, dans le monde d'avant le BR, nous pouvions apprendre aux singes et aux dauphins.

Le langage semble donc avoir disparu. Il a d'abord été rendu inutile par ce mode de communication, silencieux, dans les situations de la vie les plus courantes. Puis son usage a peu à peu été entièrement abandonné. Les salles de restaurants sans doute sont restées animées quelque temps. On ne s'adressait au serveur que par l'intermédiaire du BR, mais l'on discutait ensuite entre soi, au-dessus des plats. La parole et le langage étaient réservés à un cercle plus étroit, plus intime, et à des fonctions plus nobles, la littérature, la discussion philosophique. Puis on a fini par trouver fatigant et peu gracieux l'effort d'articuler, surtout s'il faut manger en même temps. Le langage, voué seulement à des arts inutiles, se détachait de la vie. C'était, pour ainsi dire, du latin et la littérature perdait tout intérêt. On avait déjà dépassé le langage.

Il y a, bien sûr, les parleurs. Certains n'ont probablement jamais cessé de parler, trop attachés au langage pour s'en défaire, même dans la vie. Seulement, quel sens peut encore prendre la parole des parleurs ? Les autres ne les comprennent plus et leur méfiance vis-à-vis des parleurs tient pour une grande part à ce sentiment que la parole est un monde qui leur est absolument fermé. Mais comprendrions-nous nous-mêmes les parleurs ? Dans quelle mesure les parleurs se comprennent-ils entre eux ? Dans quelle mesure ce langage qui n'existe plus que chez des individus isolés, en rupture avec la normalité, garde-t-il un sens ? Le sens n'exige-t-il pas de s'adresser à une communauté, de se faire virtuellement universel ? Faut-il encore penser la parole du parleur sur le modèle de notre langage ou comme le monologue du fou ?

Les enfants n'apprennent plus à parler. Ils portent eux-mêmes des BR depuis leur naissance, c'est par cet intermédiaire qu'ils développent des relations avec les adultes et entre eux. Les mots qui apparaissent encore parfois sur les lentilles ne sont pour eux que des caractères, des idéogrammes qu'ils savent reconnaître mais non plus décomposer en leurs éléments ni inscrire dans ces ensembles plus larges que sont des phrases, un langage. Les enfants préfèrent du reste utiliser des images pour désigner les choses ou ces sortes de masques qui sourient ou laissent tomber une larme pour décrire leurs sentiments. Les mots disparaîtront bientôt tout à fait.

Les nourrissons pleurent encore. Leurs jeux poussent encore les enfants à crier dans les parcs. Mais, au fur et à mesure qu'ils grandissent, on leur demande de se taire, comme on exige d'eux qu'ils se tiennent bien ou mangent proprement.

Les têtes sont maintenant vides. On ne parle plus dans sa tête parce que l'on ne parle plus du tout. On a aussi perdu l'œil de l'esprit, celui avec lequel nous imaginons, nous nous représentons intérieurement toutes sortes de choses. Cet œil de l'esprit s'est fermé ou s'est déplacé pour se confondre avec l'œil naturel sur lequel est posée la lentille. C'est sur cet écran en effet que l'on visualise ses souvenirs ou que l'on forme ses rêves éveillés. On les y dessine réellement et cette façon de se rendre présent une image, une scène, a rendu inutile l'ancienne imagination. Tout se passe sous vos yeux, dans les lentilles.

Il reste, cependant, la question des émotions. Que ressent-on lorsque le BR lit la peur dans le cerveau, l'amour, le désir ou l'angoisse ? Est-ce que l'on sent encore son ventre se serrer ? Ou bien, à la façon de l'acteur, adopte-t-on seulement le comportement qui, dans le monde d'avant le BR, témoignerait de la peur ? Comment le savoir ? Suffirait-il d'observer de près ces gens dans le parc lorsqu'ils ont « peur » – c'est-à-dire lorsque le BR indique la peur ? Quoi qu'il en soit, la peur peut avoir sa cause mais ne se ressent pas « dans la tête ». Elle se ressent dans le ventre. Les émotions ne suffisent pas à remplir les têtes.

« Comment faudrait-il qu'un corps humain agisse pour que nous ne soyons pas enclins à parler de l'état intérieur et de l'état extérieur de l'homme ? Ici revient toujours la même pensée : “comme une machine”. »[1]

Pouvons-nous nous représenter les utilisateurs du BR avec leurs têtes vides autrement que comme des machines ? Notre problème, il est vrai, n'est pas tout à fait celui de Wittgenstein. Wittgenstein s'efforce d'imaginer à quoi ressembleraient des humains à propos desquels nous ne parlerions pas d'un état

1. L. Wittgenstein, *L'Intérieur et l'Extérieur*, *op. cit.*, p. 87.

intérieur par opposition à une apparence, un état extérieur. Mais l'usage du BR a supprimé en pratique cette distinction, rendu caduc la position d'un état intérieur. Nous les avons devant nous, ces humains sans intérieur. La question reste, cependant, de savoir si nous pouvons dans nos catégories les concevoir autrement que comme des machines.

« Imagine que nous rencontrions un homme qui n'aurait pas d'âme. [...] De quoi cela aurait-il l'air ? La *seule* chose que je peux me représenter dans ce cas, c'est que ce corps humain agit comme un automate et non comme les corps humains habituels. »[1]

Les humains, dans ce monde régi par le lecteur cérébral, ont-ils encore une âme ? Ou l'ont-ils perdue, vendue au démon de la technique ? Ou encore faut-il seulement reconnaître que leur âme s'est vidée et que son contenu a été transporté ailleurs, réinstallé sur l'écran, à même l'œil, du BR ?

« Mon opinion n'est pas que les bêtes voient comme nous lorsque nous sentons que nous voyons mais seulement qu'elles voient comme nous lorsque notre esprit est appliqué ailleurs. En ce cas, bien que les images des objets extérieurs se peignent sur notre rétine, et peut-être aussi que leurs impressions, faites sur les nerfs optiques, déterminent nos membres à divers mouvements, nous ne nous mouvons point alors autrement que des automates. »[2]

Les animaux sont, pour Descartes, des machines, des automates. L'expérience de l'animal, que Descartes tente ici de décrire, est donc aussi bien celle qu'il faudrait attribuer à un robot. C'est une expérience qui est absente à elle-même. Cette absence se laisse toutefois pressentir dans notre propre expérience : « lorsque notre esprit est occupé ailleurs ».

Je me prépare un café tout en pensant à autre chose. Mes yeux pourtant observent la cafetière, ils commandent mes gestes, celui

1. *Id.*

2. R. Descartes, Lettre à Plempius pour Fromondus, 3 octobre 1637, Adam et Tannery, I, p. 423-424, *in* R. Descartes, *Œuvres philosophiques*, éd. F. Alquié, Paris, Garnier, 1963, t. I, p. 150.

de tourner le bouton lorsque s'allume le voyant indiquant que la machine est prête, de prendre une tasse, de faire couler le café. Je suis mon propre robot qui me sert un café. Évidemment, je ne peux pas véritablement me rendre compte de ce que serait cette expérience aveugle, inconsciente, puisque précisément il me faudrait aucunement penser à mes gestes. Néanmoins, ma propre expérience semble m'approcher de cet autre, sans quoi du reste l'explication que propose Descartes n'aurait aucune valeur et n'éclairerait en rien l'expérience animale. Ainsi, dans ma propre expérience, se profile celle du robot comme un horizon, une limite que nous pouvons pressentir mais non atteindre.

La description que propose Descartes de l'expérience animale vaut-elle aussi pour les utilisateurs de BR qui regardent seulement défiler leurs « pensées », des images, des mots isolés sur l'écran de leurs lentilles ? Ont-ils, en quelque sorte, perdu la conscience ?

Une chose est sûre, du moins : pas plus que celle des automates, nous ne pouvons nous rendre compte de ce qu'est l'expérience des utilisateurs du BR. Nous ne pouvons pas imaginer, dans cette fiction, vivre leur expérience. Parce que, dans une fiction, il s'agit de décrire, c'est-à-dire utiliser un langage que les humains ne connaissent plus. La description par le langage ne peut que fausser leur expérience qui n'est pas en deçà mais au-delà du langage, qui a dépassé le langage. C'est pourquoi il nous est impossible de prétendre nous inscrire nous-mêmes dans ce monde, porter un BR et raconter de l'intérieur notre vie : une fois connecté au BR, sans langage, nous ne pourrions plus raconter. Donc il faut nous contenter d'observer les utilisateurs de BR et, par une sorte de sympathie, essayer de pressentir leur expérience mais, en tout cas, renoncer à la vivre de l'intérieur. Nous sommes aux limites d'une quasi-phénoménologie.

Pouvons-nous même comprendre leurs réactions aux sollicitations de la vie, saisir les règles et les motivations qui soustendent leur comportement ? Ou bien ces humains d'une nouvelle espèce doivent-ils rester pour nous des sortes de machines dont les actions sont mystérieuses : un mécanisme dont nous ne connaîtrons jamais les ressorts ?

Voici Albertine qui a quitté Andrée et traverse nonchalamment le parc. D'abord, elle remarque à peine une jeune femme assise sur un banc, immobile. Leurs regards ne se croisent qu'un instant. Pourtant, le lecteur d'Albertine s'active immédiatement et une nouvelle fenêtre s'ouvre sur le côté de ses yeux : « Tu me mets aux anges, tu me mets aux anges, tu me mets aux anges. » Ces mots sortent de la tête d'Albertine et, bien qu'elle ne les y ait pas elle-même entendus, c'est dans son cerveau que les prend le BR. Albertine sait bien ce qu'ils signifient. Ils lui viennent d'une aventure ancienne et lui servent maintenant à couvrir des intentions qu'il n'est pas nécessaire de rendre plus explicites. Elle tourne la tête vers la jeune femme sans s'arrêter de marcher. Celle-ci a maintenant les yeux fixés sur Albertine et, sur son BR, Albertine lit les sentiments de l'autre qui sont identiques aux siens : un mélange de désir et de surprise. Comme l'autre lit aussi de son côté les mots d'Albertine qui sont transparents : « Tu me mets aux anges, tu me mets aux anges, tu me mets aux anges. »

Que se passe-t-il alors ? Dans le monde d'avant le BR, Albertine aurait pu échanger avec une inconnue un certain regard, emprunt d'un désir partagé. La différence cependant est que, dans ce monde d'avant le BR, reste en principe ouverte la possibilité de l'erreur, du malentendu, possibilité qui permet toujours aux protagonistes de nier ce désir d'abord exprimé dans le regard. Cette mésentente est exclue lorsque le sens du regard est explicité par le BR. La certitude du désir de l'autre modifie-t-elle le comportement du couple ? Le regard échangé, dans notre monde avant le BR, peut rester sans suite aussi bien qu'être le début d'une aventure, d'une histoire d'amour. Qu'en est-il maintenant ? La certitude rend-elle inévitable l'aventure ou, au contraire, enlevant à l'aventure tout caractère « aventureux », est-elle en elle-même sa propre fin et rend-elle les gestes qui devraient suivre superflus ?

Il est certain que, dans notre monde avant le BR, les regards échangés doivent en général ne mener nulle part. Ils sont trop nombreux, trop fréquents, nous passerions notre temps dans toutes sortes d'aventures, au point de ne pouvoir garder ni famille ni travail. La structure de notre monde, la forme de vie qui est la nôtre exige que ces regards gardent quelque chose de gratuit, restent superficiels. Et cela même suffirait à justifier cette opposition de l'intérieur et de l'extérieur. Ce regard adressé à l'autre et reconnu par l'autre doit pouvoir être démenti ou ne rien engager du désir ressenti. Il faut donc que soit ménagé un intérieur, une sphère de sentiments, séparée de cette extériorité où se lit le regard. À l'inverse, si cette séparation entre l'intérieur et l'extérieur a pu s'effondrer, le BR affichant sans ambiguïté le désir aux yeux de l'un et de l'autre des protagonistes, c'est que la vie, les habitudes, les mœurs, se sont radicalement transformées.

Première hypothèse. Le mariage, l'idée que deux adultes aient pu envisager de passer ensemble la plus grande partie de leur vie, chacun attendant de l'autre fidélité, serait à l'heure du BR tout à fait incompréhensible : une curiosité pour anthropologues ou historiens, s'il en existe encore dans ce monde où le langage disparaît. La structure familiale, telle que nous la connaissons, a totalement explosé. Les adultes vivent seuls dans de petits appartements tandis que les enfants sont élevés dans des structures collectives. On est courtois sans plus avec ses voisins. Il est rare d'inviter quelqu'un d'autre chez soi. Ce « chez soi » tient lieu d'intériorité : une pièce, un espace – au sens propre maintenant – auquel seul le sujet a accès. Les regards échangés ne mènent donc pas « chez soi » mais dans des sortes d'hôtel. Et s'il y a tant de monde au parc, ce vendredi après-midi, c'est que les immeubles tout autour abritent ce que nous appellerions des hôtels de passe, vers lesquels se dirigent rapidement les couples que l'injonction du BR réunit pour quelques heures.

Deuxième hypothèse. Ce désir partagé qui s'affiche dans les yeux des deux jeunes femmes, alors que leurs regards n'ont fait que se croiser, est un phénomène singulier qui correspondrait à peu près à notre coup de foudre. Ces coups de foudre sont si rares que l'on serait tenté d'y voir seulement un mythe. Le BR est le plus souvent d'une extrême pruderie, passant par toutes sortes d'étapes avant de reconnaître le désir chez l'un des partenaires, exigeant ensuite de celui-ci une cour longue et assidue, qui aboutit finalement à un mariage dont rien ne viendra plus troubler la douce tranquillité.

Ces regards qui s'échangent, dans le monde d'avant le BR, entre des passants qui ne se connaissent pas et dont aucun lecteur de cerveau ne peut même sonder les intentions véritables apparaîtraient aux anthropologues de ce futur indéterminé comme une étrange perversion. Ou ils leur sembleraient relever de cette criminalité que les patrouilles qui arpentent le parc ont pour mission d'éradiquer.

Nous ne sommes pas, cependant, tout à fait libres de choisir parmi les multiples hypothèses qui pourraient nous venir à l'esprit. Le fait d'être tombés sur Albertine et Andrée dans ce parc suffit à déterminer le monde dans lequel nous sommes entrés. Leur présence même indique que nous nous trouvons dans la deuxième hypothèse. Comment Marcel aurait-il pu rester jaloux dans la première hypothèse et Albertine volage ? Ce serait impossible. Albertine, Andrée et Marcel nous ont forcément entraînés de l'autre côté, dans le monde prude de la deuxième hypothèse. Albertine y est un personnage singulier, un être sinon fuyant du moins versatile, au cerveau infiniment plastique, capable d'oublier les coups de foudre qui le frappent à intervalles réguliers et susceptible pour cette raison d'être toujours frappé à nouveau, un cerveau d'une qualité particulière qui rend le pauvre Marcel fou d'une jalousie muette.

Cette rencontre, dont nous avons longuement discuté, s'est pourtant passée très vite. En l'espace de quelques pas, Albertine a reconnu son désir et celui de l'autre, observé l'inconnue un instant et de quelques mouvements des yeux sur ses lentilles – aussi rapides et faciles que le sont pour nous ces mouvements de la bouche qui produisent la parole – lui a envoyé un court message composé d'une horloge et d'une adresse. Une horloge dont les aiguilles marquaient cinq heures et demie. Ce qui lui laissera le temps de revenir chez Marcel en début de soirée. Puis elle a fait demi-tour et marche maintenant rapidement à la recherche d'Andrée, qu'elle venait de quitter, pour récupérer la clé d'un appartement inoccupé.

Il y a une question qui nous intéresserait mais que nous ne pouvons pas véritablement poser. C'est de savoir si Albertine et son inconnue ressentent réellement le désir que le BR leur a attribué. Cette question, du moins, ne peut pas se poser en ces termes puisque, dans ce monde, le désir, comme toute autre émotion, est fixé par la machine. Avoir du « désir », c'est être dans un état tel que la machine affiche : « Désir ! » ou quelque autre expression synonyme. Il faut donc bien admettre qu'Albertine éprouve du « désir », au sens que ce mot a pris, et l'on ne peut pas sur ce plan en demander plus. Il reste que le désir, au sens où nous l'entendons, se marque sur le corps, qu'il a des manifestations physiologiques, visibles de l'extérieur, et s'accompagne de toute une variété de sensations. Si, par une sorte de tautologie, Albertine éprouve le désir que lui prescrit le BR, son corps s'est-il en effet animé et bruisse-t-il de ces sensations que nous éprouverions dans le désir ?

Mais, à nouveau, pouvons-nous répondre à cette question ? Le désir ne se réduit pas à des manifestations physiologiques. Mieux, il se pourrait que, dans ce jeu où le désir est défini par la machine et visible dans les yeux, sur les lentilles, ces manifestations aient perdu toute importance et que le sujet ne prête plus même attention à ces sensations qui accompagnent pour nous les émotions et en marquent l'épreuve. Simplement parce que l'on n'a plus de mots appropriés à les désigner.

La peur « au ventre » n'existe plus. La peur s'indique d'un mot devant les yeux, et cette sensation dans le ventre, qu'elle accompagne ou non la « peur », n'est plus rien de défini. Le sujet ne la reconnaîtrait plus, ni comme la sensation de la peur, ni même comme une sensation déterminée. Pouvons-nous alors demander si l'on éprouve la sensation de peur quand le BR indique la peur ? Cette sensation garde-t-elle une réalité alors que le sujet ne la distingue plus lui-même comme telle ? Personne en tout cas ne peut en vérifier l'apparition, personne ne pourrait répondre à la question, et surtout pas le sujet qui ne la comprendrait pas.

En réalité, si quelque chose s'est modifié dans le sentiment qu'Albertine a de son propre corps, c'est au niveau des oreilles et des mains. Ses mains sont moites et leur paume comme frémissante attend le contact d'une autre peau. Albertine, parcourant le parc en sens inverse à la recherche d'Andrée, ne peut s'empêcher de les frotter l'une contre l'autre.

Ce qui est plus curieux pour nous, c'est que ses oreilles aussi sont pour ainsi dire tendues par l'attente, l'attente d'une voix qui murmure, qui s'essouffle, qui crie. Albertine s'efforce de penser à autre chose, elle dessine pour elle-même la clé de l'appartement, dans sa forme exacte, et garde un œil sur la fenêtre de ses lentilles qui lui indique ses propres émotions. Elle veille à ce que celles-ci restent bienséantes et que n'y apparaisse pas cette expectative.

C'est seulement dans la douleur et dans l'amour que la voix humaine reprend sa place. On crie de douleur et d'amour. Comme si le corps regagnait alors ses droits, et cet organe atavique, qui ne s'utilise plus, son rôle ancien : celui d'établir une relation primitive entre deux humains. Il ne s'agit pas du reste de paroles mais de modulations inarticulées.

La voix humaine a acquis une connotation sexuelle. Elle est d'autant plus érotique qu'elle est déjà désirée. Et à l'inverse, hors des circonstances de l'amour, elle répugne ou prend quelque chose d'effrayant. Laisser entendre sa voix dans le cri de douleur, involontaire, est humiliant. Seuls les enfants, jusqu'à un certain âge, utilisent leur voix, librement, comme ils peuvent se baigner nus sur les plages. C'est cette voix, la voix de l'autre, qu'Albertine attend dans ses oreilles et qu'elle tenterait déjà d'imaginer, si elle était seule.

Les rues de Paris, vraiment, n'ont pas changé. Les voitures klaxonnent. Les autobus passent en mugissant. Les piétons se pressent sur le trottoir et s'engouffrent dans les bouches de métro. Ils ont l'air fatigués souvent. Ils rentrent du travail, c'est la fin de la semaine. Les plus fortunés vont partir ce soir à la campagne. Leur BR projette déjà sous leurs yeux l'image d'un coin de forêt ou d'un ruisseau passant entre des jardins. Marcel est riche et ne travaille pas. Pas plus qu'Albertine qu'il entretient.

Le bouleversement qui s'est opéré concerne uniquement l'esprit humain. Tout ce qui l'entoure semble, au contraire, s'être figé : les paysages de la ville, les vêtements que portent les passants, leurs gestes, leurs habitudes. La plupart des immeubles enferment des bureaux. Les banlieues comptent encore quelques usines. On y fabrique les mêmes choses et de la même façon. Il y a des ouvriers, des ingénieurs, des comptables, des patrons. Chacun accomplit les gestes que lui prescrit le BR.

La technologie est restée la même, sans progrès, ni régression. Elle a été fixée par la machine qui, lorsque les humains ont arrêté de parler, arrêté de penser au sens où nous l'entendons, a continué de leur indiquer des gestes qu'ils accomplissaient déjà. Les mêmes gestes que l'on faisait de son propre chef – réparer la voiture en ouvrant le capot pour vérifier la batterie, aller au bureau, allumer l'ordinateur, ouvrir le courrier, etc. – sont maintenant dictés par la machine comme constituant l'intention du sujet. Les mêmes gestes, imposés donc par le BR, sont toujours accomplis. La machine se souvient, si l'on peut dire, de la technologie du début du XXIe siècle. Elle ne l'a pas améliorée mais elle ne l'a pas oubliée. Sans doute, quelque accident – une comète qui tombe du ciel, une centrale atomique qui explose, peu importe, finira par rendre ces gestes caducs, absurdes, inutiles. Cet accident n'a pas encore eu lieu et le monde humain dans son apparence extérieure perdure.

Des élections, par exemple, sont organisées à intervalles réguliers. On vit en démocratie. Personne n'y pense plus. Mais, le matin du scrutin, le BR rappelle à chacun son devoir civique et décèle dans le cerveau une intention de vote avant que l'on ait eu le temps de la formuler soi-même. C'est le visage d'un candidat qui s'affiche sur l'écran et que l'on valide d'un regard plus appuyé. La machine enregistre le vote. Il n'est pas besoin de sortir de chez soi. Les candidats sont désignés de la même façon : par la machine qui leur annonce quelques mois avant l'élection leur intention de briguer un mandat. Les parleurs, qui n'utilisent pas le BR, sont de ce fait privés de droit de vote.

Albertine a déjà ôté son BR quand elle ouvre la porte à l'inconnue qui vient de sonner. Ses yeux ont perdu cet éclat que donnent les lentilles et leurs multiples fenêtres. Ils ont cessé ce va-et-vient, presque insensible, qui permet de voir à la fois un visage en face de soi et le défilement de ses pensées. L'inconnue croise donc le regard d'Albertine fixé sur elle, immobile. Son propre BR laisse une fenêtre sombre à côté du visage d'Albertine.

Albertine observe le visage de l'autre : ces pans de chair que sont les joues et le front, les sourcils, les lèvres qui ne s'ouvrent jamais. Le visage humain prend, aux yeux que ne voilent plus les lentilles, une immobilité surprenante. Ce sont à la fois l'absence de la parole qui n'anime plus le visage, et les mouvements des yeux, leur fuite incessante sur le côté, qui accentuent par contraste la fixité des traits.

C'est une impression étrange que de quitter le BR, pas seulement parce que l'autre nous apparaît alors dans cette sorte de nudité, dans sa pure incarnation, que ne viennent plus compléter ses pensées sur l'écran. Le visage prend une épaisseur, une réalité propre qui arrête le regard et ne se laisse plus traverser. Mais cette appréhension de l'autre est aussi le résultat d'un rapport à soi-même modifié. C'est qu'une fois le BR ôté on ne pense plus. On cherche par instants encore la lentille qui n'est plus là et le défilement de ses propres pensées qui semble s'être interrompu. C'est une sorte de silence, dans le registre de la vue, une absence à soi. Il ne se passe plus rien. Ni mots, ni images, ni intention mais seulement des sortes de mouvements en soi, très lents, qui n'ont pas de nom et n'aboutissent à rien. Il faut enlever les lentilles une fois par jour pour les nettoyer. La coutume est aussi de les enlever pour faire l'amour, bien qu'il n'y ait à cela aucune nécessité.

Si les humains n'avaient cessé de penser, ils auraient pu sans doute développer leur technologie : inventer par exemple une machine qui non seulement sonde le cerveau mais y imprime des émotions, une machine donc qui aurait permis non seulement d'observer les émotions de l'autre mais de les éprouver soi-même. L'amour, alors, si l'on avait pu partager les émotions, les sensations de l'autre, et se placer des deux côtés à la fois de ces enveloppes de peaux qui nous séparent, l'amour aurait été tout à fait différent. Au lieu de cela, il est resté ce qu'il était de notre temps : des gestes, un contact qui s'établit par les mains, la bouche, le sexe, et ignore le cerveau.

« Léa », prononce maladroitement Albertine. Les deux femmes sont allongées dans la pénombre sur un lit défait. La chambre, malgré la commode, les tables de nuit, les bibelots, donne cette impression de vide, particulière aux endroits où l'on ne vit pas. La voix d'Albertine résonne dans le silence, puis Léa répète à son tour : « Léa », en en distinguant nettement les deux voyelles. Léa a une très belle voix.

Albertine reste encore seule un moment dans l'appartement après que Léa est partie : le temps de refaire le lit et d'oublier cette heure passée dans la chambre. Ensuite, dans la rue, elle s'efforce d'observer les passants qu'elle croise, sans réussir à éliminer tout à fait le visage de Léa ni le son de sa voix, qui lui revient par instants.

Si les parleurs ont choisi de se rebeller ouvertement contre le BR, les hystériques voudraient pouvoir s'y soumettre mais n'y réussissent pas. Quelque chose en eux s'y oppose. Ce ne sont pas seulement des femmes mais aussi des hommes qui deviennent aveugles et ne réussissent plus à observer les injonctions de leur lecteur. Ou leur corps se paralyse et ils ne peuvent plus avancer, ni même parfois quitter leur lit. On les soigne par des médicaments qui existaient déjà avant le temps du BR. Certains hystériques continuent à suivre un traitement, depuis leur première crise jusqu'à la fin de leur vie, avec des résultats inégaux. C'est la maladie de ce siècle, dont on ignore la cause. On sait seulement en décrire les symptômes : que le corps se refuse à se plier à la pensée et au BR qui devine la pensée. Il n'y a aucun signe avant-coureur de la maladie et chacun craint de se découvrir un matin au réveil paralysé ou, dans la rue, aveuglé par sa propre pensée affichée sur les lentilles.

Pas plus que les autres activités humaines, la médecine n'a changé depuis le début du XXIe siècle. Les corps humains connaissent les mêmes maladies et celles-ci se soignent de la même façon. On prend rendez-vous chez le médecin quand on se sent malade ou quand on souffre d'une douleur quelconque, c'est-à-dire quand le BR repère la douleur ou cette impression de fatigue associée à la maladie. Le médecin examine son patient comme le lui indique son propre BR et prescrit le traitement qu'il voit s'afficher sur ses lentilles. Cette médecine automatique est plus commode pour les praticiens, qui n'ont plus besoin de suivre de longues études. Il suffit de quelques stages qui apprennent à effectuer les gestes recommandés par la machine. C'est aussi plus facile pour les patients qui n'ont pas à se demander s'ils se sentent malades ou non, puisque le BR le leur signale. Les hypocondriaques ont disparu. Il ne reste que cette inquiétude muette de tomber dans l'hystérie.

Marcel, lui, est malade. Son BR le lui rappelle chaque jour. Marcel ne doit pas quitter la chambre. Le plus souvent, il passe la journée au lit pendant qu'Albertine se promène avec Andrée. Il n'a pas toujours vécu dans cet état. Il avait l'habitude de se promener, de fréquenter le monde. Il partait en vacances l'été à la mer. C'est depuis qu'Albertine s'est installée chez lui que Marcel a cessé de sortir et s'est enfermé dans sa chambre. Il se contente maintenant d'écouter les bruits de la rue, les voitures ou les rares oiseaux qui annoncent le printemps et d'observer les images que lui montre son lecteur de cerveau.

Les problèmes de Marcel viennent sans doute de ce que son BR ou son propre cerveau, tel que le BR le décrypte, est contradictoire. Parce que, s'il lui indique sa maladie, le BR repère aussi son désir de sortir à nouveau et même de voyager. Il lui montre les rues de Paris, les femmes qui y flânent. Ou des vues de Venise s'affichent sur ses lentilles, à côté de cette interdiction, de cette maladie qui l'empêche de dépasser le seuil de l'appartement. Mieux, la machine indique aussi à Marcel qu'il attend Albertine et, en même temps, qu'il voudrait qu'elle ne revienne pas.

Marcel interroge son cerveau pour essayer de résoudre ses contradictions : mettre l'accent sur l'une de ces images (le départ d'Albertine ou son retour, une vie commune pérennisée par le mariage) de façon à effacer l'autre. Il y parvient parfois pour quelques heures, qu'il passe alors dans la tranquillité, avant que, brusquement, l'image opposée et la contradiction ne resurgissent sur ses lentilles. Comme si différentes parties de son cerveau fonctionnaient pour elles-mêmes, indépendamment les unes des autres ou en alternance, sans qu'aucun principe directeur ne vienne les unifier. Marcel interroge donc silencieusement ses souvenirs, son enfance, des vacances à la campagne ou à la mer pour tenter de reconstituer cette unité, ce fil directeur qui semble s'être dénoué.

Par ailleurs, les souvenirs que lui montre le BR le plongent dans l'inquiétude, une inquiétude qui n'a pas de langage pour s'exprimer. Car, comme les autres, Marcel a perdu la parole. Il ne pense pas au sens où nous l'entendons. Il se contente de faire apparaître des images devant ses yeux et quelques mots dépourvus de syntaxe. Ces images gardent quelque chose d'impersonnel. Cela tient au fonctionnement du BR, qui reconstitue les souvenirs de l'utilisateur à partir d'une sorte d'album d'images toutes faites. Au fur et à mesure que l'usage du BR s'est généralisé, cet album s'est indéfiniment diversifié pour offrir maintenant une multitude de vues sur tous les coins de la planète et tous les visages humains – sauf celui des parleurs qui se sont exclus du système.

Plus personne ne corrige son BR maintenant. Les images semblent parfaites, il n'y manque rien de remarquable et l'on a, de toute façon, perdu ces souvenirs dans la tête auxquels comparer les images de la machine. Dans leur perfection même, cependant, les images restent impersonnelles, comme des cartes postales. Et comme des cartes postales justement ou des histoires que l'on a entendu raconter, ces images sont devenues nos souvenirs sans rien perdre de leur anonymat.

Marcel vit dans l'obsession, dans une jalousie maniaque qui le pousse à chercher sans cesse des traces de la culpabilité d'Albertine. Marcel donc analyse ses souvenirs, des images que le BR décrypte dans son cerveau et reconstitue à partir d'un vocabulaire anonyme. Il y cherche Albertine et s'y cherche lui-même sans véritablement se reconnaître. Comme si ces souvenirs qu'il observe n'étaient pas tout à fait les siens, sans qu'il puisse dire en quoi ils ne lui appartiennent pas. Donc il les regarde à nouveau, à la fois pour analyser les gestes d'Albertine et mesurer silencieusement l'étrangeté de ces images.

Tout cela cesse évidemment quand la clé d'Albertine tourne dans la serrure. Marcel interrompt ses rêveries anxieuses comme Albertine cache au fond de son esprit sa rencontre avec Léa. Leurs yeux et les rayons de leur BR se croisent un instant. Le cerveau d'Albertine présente des vues sur le parc des Buttes-Chaumont, de grands arbres verts, des immeubles au loin, des enfants qui jouent, celui de Marcel une chambre immobile. Albertine s'assied à côté de Marcel sur le lit ou se met au piano.

Marcel l'écoute jouer quelques instants sans cesser de suivre des yeux les pensées qui défilent dans le cerveau d'Albertine. La soirée se poursuit, tristement, Marcel scrutant le cerveau d'Albertine et celle-ci s'efforçant de maintenir cachées sous la surface ces impressions que cherche à découvrir Marcel.

Évidemment, il n'est pas facile de retracer une histoire d'amour dont les deux protagonistes ont perdu la pensée. Il faut leur prêter des sentiments, des impressions, l'inquiétude, la jalousie, qui pour nous sont associées au langage et que, pour cette raison, nous n'attribuerions pas par exemple à des animaux. Ainsi, notre inquiétude s'exprimerait dans une certaine agitation de la pensée, dans un certain type de pensées que Marcel ne peut plus entretenir. L'inquiétude de Marcel devant ses souvenirs n'est donc pas la nôtre. C'est une projection en réalité. Nous projetons sur Marcel ou Albertine les sentiments que nous éprouverions mais qu'ils n'éprouvent pas de la même façon. C'est inévitable.

Néanmoins, les utilisateurs du BR ne sont pas devenus des animaux. Ils sont nos descendants. Ils doivent bien nous ressembler par certains aspects. Ils ont hérité de nos mœurs, de nos comportements, de nos sentiments qui se sont seulement modifiés. Le monde qui les entoure, leurs propres personnalités ne sont pas brusquement sorties du néant. Ce sont les nôtres qui sont seulement passées dans le régime de la lecture cérébrale.

Ainsi, cette aliénation, dans laquelle nous constituons notre univers intérieur à partir d'éléments anonymes, des images, des phrases, que nous reprenons dans les livres, un peu partout, nous la connaissons déjà nous-mêmes. Elle n'a fait que se développer. Ou elle atteint son terme, chez ces humains qui ne disposent plus du langage et de la possibilité idéale de – de la liberté de travailler à – faire jaillir par le langage, par la combinaison de mots pourtant usés un sens inouï qui s'appliquerait exactement à une situation singulière. Leur aliénation est donc totale. C'est un passage à la limite par rapport à notre expérience.

Ce que je tente, c'est d'abord une expérience de pensée : savoir s'il est possible que l'ensemble de ce que nous appelons notre intériorité se déplace dans l'extériorité, se rende visible à l'autre sous la forme de mots et d'images, et ce que nous deviendrions dans ce cas. C'est ensuite de développer une idée qui se trouve en germe dans les neurosciences et dans le contexte qui favorise l'émergence de celles-ci.

Ce n'est pas moi qui ai forgé l'idée d'un lecteur de cerveau. Je l'ai trouvée dans des articles, publiés dans des revues aussi scientifiques qu'on peut le souhaiter. Ce lecteur de cerveau s'inscrit dans un contexte déterminé. On le voit aux exemples que prennent les auteurs : le policier qui cherche à savoir si le suspect ment ; l'employeur qui veut connaître les biais de son employé. Et inversement, on pourrait facilement imaginer une société ou trouver dans un manuel d'anthropologie l'exemple d'une société où un lecteur de cerveau n'aurait aucune utilité. Je prends donc l'idée d'une lecture cérébrale dans le contexte où elle apparaît et m'efforce d'imaginer les directions dans lesquelles elle pourrait nous conduire.

Peut-être devrais-je parler de virtualités plutôt que de possibilités. Je ne cherche pas en effet à deviner le futur, pas même un futur conditionnel, mais à mettre en mouvement cette idée d'un lecteur de cerveau pour faire ressortir les éléments qu'elle contient alors même que ceux-ci ne pourraient se développer dans aucun futur. Il s'agit de fiction et non d'anticipation. Il s'agit d'analyser une idée et non de savoir ce qui arrivera ou ce qui arriverait si…

La littérature a, bien entendu, entièrement disparu dans ce monde où ne se lisent plus que les cerveaux. Il reste, cependant, deux formes d'art exerçant sur les humains une véritable fascination. Et cela – remarquons-le – suffit à distinguer ces humains de simples animaux : les humains ne sont pas redevenus de grands singes.

Pendant toute cette période où la lecture cérébrale s'est peu à peu développée, le monde ne s'est transformé que lentement, lorsqu'il ne s'est pas purement et simplement figé. Chacun gardait ses habitudes, son travail, alors même qu'il oubliait le langage et que ses gestes n'étaient plus commandés que par la machine. Les bibliothèques ont été désertées et sont sans doute tombées à l'abandon. En revanche, les musées ont continué d'être entretenus, le nombre des visiteurs n'a pas diminué et, peu à peu, les œuvres qui y étaient exposées ont commencé à faire l'objet d'un véritable culte.

Oui, si nous nous promenons à travers un musée, notre première impression est que rien n'a changé. Les gens se tiennent debout devant les tableaux ou se reposent sur les banquettes. Nous ne prêtons pas d'abord attention au silence absolu qui règne dans les salles. Nous nous sommes accoutumés, dans ce monde, au silence. C'est peu à peu que nous remarquons sa qualité propre. Il rappelle celui de nos églises que nous visitons en marchant sur la pointe des pieds, en nous excusant pour chaque bruit qui résonne sous les voûtes. Ce n'est pas seulement l'absence de la parole.

Chacun est habitué à observer la suite des pensées de l'autre sur un coin de ses lentilles, sans effort et sans cesser de regarder, par un inconscient va-et-vient des yeux, ce visage muet en face de soi. La matérialité du visage est complétée et, pour une part, masquée par le défilement des pensées dans les lentilles. C'est comme un autre côté de la personne que l'on observe du même coup.

La position singulière des tableaux et surtout des portraits tient précisément à ce que les visages de peinture ne montrent pas leurs pensées. Pourtant, ceux qui les regardent réussissent encore, par une sorte d'atavisme sans doute, à déchiffrer leurs émotions, les directions de leur pensée. Ce n'est donc pas que ces têtes de peinture soient vides. Elles entretiennent des pensées singulières, sont affectées d'émotions puissantes, mais se refusent seulement à les étaler au grand jour. Pensées et émotions leur sont restées intérieures. Les portraits sont, dans ce monde, les seuls êtres qui conservent une intériorité. Le visage qui semble flotter sur la toile sourit doucement, il regarde le spectateur avec bienveillance, mais à quoi pense-t-il exactement ? Que lui passe-t-il par la tête, à cet être bizarre ? Le BR reste muet et ne réussit pas à pénétrer sous l'enveloppe de peinture.

Quel rôle jouent ces portraits pour les humains qui viennent les observer ? Ce sont des sortes de dieux ? Des êtres d'une autre race possédant encore cette sphère intérieure qui a disparu chez les humains ? Des ancêtres d'avant le BR et cette extériorisation de la pensée ? Il est impossible de le deviner et ce sont peut-être des distinctions qui n'ont plus de sens, puisque les humains auxquels il faudrait les prêter ne peuvent plus les formuler. Ils s'arrêtent seulement devant les tableaux et regardent, fascinés, avec un mélange de curiosité et de peur. Marcel est un grand adepte de ce culte à la peinture.

Albertine est plutôt portée sur la musique, une certaine sorte de musique. On a souvent chez soi un piano ou quelque instrument dont on joue parfois. Mais cette musique domestique n'est qu'un piètre substitut pour une autre, qui est secrète et beaucoup plus puissante. Personne ne l'évoque, personne n'y pense en public. Elle est absolument illégale, les rendez-vous sont fixés, sinon de bouche à oreille, de cerveau à œil. Pourtant, malgré les patrouilles qui rodent un peu partout, des chorales se réunissent, des opéras sont même montés dans des bâtiments désaffectés, d'anciennes bibliothèques peut-être dont on bouche les carreaux cassés. Faut-il comparer ces concerts à des orgies, à des messes noires ? Le chant, pour ces humains qui ne connaissent de la voix que les cris d'amour et de douleur, a un pouvoir qu'il nous est difficile d'imaginer. Or, justement, Léa chante. C'est pourquoi elle pouvait apprendre à Albertine à prononcer son prénom. Et c'est sans doute aussi par l'intermédiaire de Léa qu'Albertine se lie aux parleurs. Le fait est que, le jour où Albertine quitte Marcel, elle rejoint les parleurs.

Il n'est pas difficile de les rencontrer. Ils errent souvent dans les parcs ou près des gares. Les mieux organisés ont fait de la gare du Nord leur quartier général. C'est dans cette direction que marche Albertine. La rumeur se laisse déjà deviner dans les rues adjacentes. Les gens normaux, qui portent le BR, ont abandonné ce quartier et le bâtiment se dresse isolé dans le bruit. Les statues de pierre qui ornent la façade semblent elles-mêmes avoir pris la parole.

À l'intérieur, le vacarme est assourdissant. La foule des parleurs se presse sous les tableaux d'affichage comme s'ils attendaient un train, un jour de grève : le mécontentement est général, tout le monde parle en même temps et à personne en particulier. Certains font les cent pas dans le hall, en criant à tue-tête. Ailleurs, des groupes se sont formés un peu à l'écart, ce sont de simples silhouettes qui gesticulent.

Depuis que les parleurs ont investi le bâtiment, le trafic ferroviaire a été détourné. Plus un train n'arrive dans cette gare qui est tout entière le domaine des parleurs, un vaste espace où la voix humaine peut résonner librement. Peut-être ce hall perdait-il de sa réalité dans le silence de la communication cérébrale, il avait besoin du bruit pour poursuivre son existence, il menaçait de s'écrouler et on y a dirigé les parleurs. Ou la gare elle-même, de ses signes obscurs que nous adressent les choses apparemment inanimées, a appelé à elle les parleurs. Peu importe. Le brouhaha, dans le hall, a pris corps à nouveau et n'a cessé de grossir au fur et à mesure que les parleurs se multipliaient pour former maintenant une vague sonore qui engloutit Albertine.

La jeune fille, qui vient seulement d'ôter son BR, est abasourdie. Elle se bouche les oreilles, des visages se tournent vers elle en grimaçant, la bouche ouverte. Ils lui crient quelque chose qu'elle ne comprend pas encore. Elle a tout juste commencé à apprendre à parler. Elle veut fuir sans doute mais, dans la foule qui s'est refermée derrière elle, ne trouve plus la sortie. Elle erre dans le hall, des sons mal articulés sortent de sa bouche.

De temps à autre, quelqu'un prend possession du microphone

dans la cabine vitrée et les haut-parleurs, qui ne connaissaient que l'annonce des départs et des arrivées, hurlent des chansons paillardes, de complexes dissertations philosophiques et des monologues simplement insensés. Albertine doit finir par rencontrer quelqu'un qui la prend sous son aile et l'entraîne à l'écart, dans un ancien bureau ou une boutique désaffectée, où le bruit est moins gênant. Elle s'installe peu à peu dans le monde de la parole. Elle rencontre les différentes sociétés qui s'y sont formées. Mais, depuis qu'elle a enlevé ses lentilles et arraché les épingles qui s'enfonçaient dans son front, la machine ne peut plus la localiser. Albertine a disparu, elle n'existe plus dans la sphère que régit le BR. Pour Marcel, elle est morte.

Dès qu'ils sortent de leur gare, les parleurs contemplent malgré eux le spectacle de l'humanité mécanisée. Ils observent la machine introduire ses tentacules dans les cerveaux et gouverner les humains : leur intimer leurs intentions, leurs émotions, leurs pensées, déterminer leurs gestes et leurs conduites. Comment en sommes-nous arrivés là ? C'est ce que les parleurs s'efforcent d'imaginer. La plupart de leurs théories mettent en jeu un complot. Comme si une société secrète, un mystérieux lobby, un cartel de vieux patrons continuait à programmer et à contrôler la machine qui conduit les humains. Ils se seraient, ces hommes secrets, libérés du BR ou ne le porteraient qu'en apparence pour se fondre dans la foule et, par l'intermédiaire de la machine, exploiter le reste de l'humanité, présider seuls à ses destinées.

C'est risible évidemment. Albertine qui a fréquenté le monde avec Marcel le sait bien, ceux qui auraient pu avoir les moyens d'asservir ainsi le reste des humains avaient toujours été les premiers à s'aliéner dans la machine. Cela parce que, tout au long de l'évolution de la lecture cérébrale, ils avaient pu s'équiper des modèles les plus récents et, par conséquent, les plus abrutissants. Albertine se souvient d'avoir croisé devant les hôtels où descendait Marcel des patrons issus de lignées de patrons, les yeux vagues et sans une lueur d'intelligence, sans autre lueur en réalité que celles que leurs lentilles y dessinaient.

Il existe, chez les parleurs, une autre version de la même théorie, moins machiavélique mais tout aussi naïve. On raconte que la conscience aurait peu à peu « émergé » dans la machine. Il n'est pas nécessaire alors de supposer qu'une obscure société contrôle la machine, car la machine a d'elle-même pris conscience et gouverne sciemment les humains pour son propre profit. Nous serions devenus du bétail pour la machine, une race dont elle se nourrit et qu'elle fait travailler, des bovins en quelque sorte. En quoi consiste le profit qu'une machine peut tirer de l'exploitation humaine ? C'est sa survie d'abord que s'efforce d'assurer la machine : que l'électricité parcourre ses circuits. Peut-être aussi prend-elle plaisir au spectacle de nos vies, de nos souffrances, comme un dieu qui contemplerait ses créatures.

Les parleurs, nous le voyons bien, sont souvent des rêveurs, des optimistes qui exigent que l'aliénation dans laquelle les humains sont tombés ait une cause extérieure à eux-mêmes, dans la conscience de la machine ou dans une société d'exploiteurs. La réalité est sans doute plus simple et n'exige pas d'autre explication que notre propre désir de nous soumettre à la machine, de nous faire nous-mêmes machines.

Pendant que Marcel continue de scruter ses souvenirs sur ses lentilles, cherchant toujours des preuves des fautes anciennes de son Albertine disparue, celle-ci fréquente les différents cercles de parleurs qui se réunissent dans les bâtiments désaffectés de la gare du Nord. C'est au cours d'une de ces soirées, qui se passent en d'interminables palabres, qu'elle est présentée à une vielle dame, courbée et ridée, mais dont le langage et l'élocution sont parfaits. Rosa Smart n'a jamais porté le BR.

Comment après avoir quitté son génial mari, assommé par sa propre invention, Rosa s'est-elle retrouvée à Paris, dormant à même le sol dans les combles de la gare du Nord ? Comment a-t-elle réuni autour d'elle ce réseau de parleurs ? Ce serait une histoire trop longue. Mais, dès le début, Albertine comprend que, après toutes ces années, Rosa est maintenant prête à frapper et à détruire la machine. C'est pourquoi Albertine reste auprès d'elle, fascinée par sa détermination et l'imminence de l'événement.

On raconte autour de Rosa que, dans un dernier éclair d'intelligence et avant de lui-même succomber à l'aphasie générale, l'a-noésie plus exactement, George Smart avait brusquement modifié le programme de la machine. Les lecteurs de cerveaux étaient alors capables de déterminer avec une grande exactitude la douleur ou le plaisir, le contentement ou le mécontentement du sujet. Le savant avait eu l'idée de programmer la machine pour qu'elle intime au sujet les intentions, les pensées qui lui occasionneraient un minimum de mécontentement. La machine pouvait vérifier dans quelle mesure les injonctions qu'elle donnait à l'utilisateur procuraient à celui-ci contentement ou mécontentement. Ses instructions étaient de modifier ses paramètres de façon à donner à l'utilisateur toujours moins de mécontentement : le diriger d'après le principe d'absence de déplaisir. C'est à partir de ce moment que la machine était devenue toute-puissante et que les utilisateurs n'ont plus pu quitter le BR. Mais l'histoire est peut-être fausse. Rosa elle-même ne parle jamais du grand Smart. C'est qu'elle s'apprête à dévoiler elle aussi une invention.

C'est un virus, une maladie étrange qui se propage à travers la ville. Personne n'y prête trop attention au début. On croit d'abord à de nouveaux cas d'hystérie, mais c'est bientôt une véritable épidémie. On voit des passants qui brusquement se mettent à crier, à gesticuler. Ils sautent en l'air, partent en courant, se tenant les yeux des deux mains. D'autres s'interrompent tout à coup et s'immobilisent, les yeux dans le vague, comme frappés de stupeur. Les rues de Paris retentissent des cris des malades. Les trottoirs sont encombrés de ceux qui se sont assis un instant sur le pas d'une porte, ne se sont plus relevés et continuent à regarder devant eux. Les parleurs ne sont pas touchés par le virus. Ce qui laisse penser que la maladie passe par le BR. Peut-être ne touche-t-elle pas du reste le cerveau et se contente-t-elle de détruire le lecteur : y produire des images bizarres, des instructions contradictoires, puis l'éteindre entièrement pour laisser l'utilisateur dans l'obscurité, le silence.

On ne sait pas comment se propage le virus. Les parleurs, dans leur gare, observent et s'interrogent. Certains pensent que la maladie passe de lecteur à lecteur, de cerveau à cerveau lorsque les gens se croisent, comme un virus au sens propre qui se transmet par les postillons lorsque l'on tousse. Ce serait une image, une intention, une pensée que quelqu'un vous transmet et qui ne vous quitte plus, se développe lentement dans votre lecteur, dans votre esprit – puisque l'esprit, ce qu'il en reste, est tout entier dans le lecteur – et finit par le court-circuiter. À la façon d'un refrain, d'une chanson que l'on entend dans la rue, que l'on reprend et que l'on ne peut plus se sortir de la tête. D'autres prétendent que le virus s'attaque au système central auquel chaque BR est connecté et que la maladie vous vient pour ainsi dire d'en haut, tombant sur vous comme le doigt de la providence et selon un ordre déjà réglé, peut-être tout simplement l'ordre alphabétique. Ils parlent beaucoup en ce moment, les parleurs. La gare du Nord est plus bruyante que jamais. Ils sont convaincus que le monde du BR est en train de s'écrouler.

Les utilisateurs eux-mêmes n'ont pas de théories sur le virus, bien entendu, mais ils ont peur. La peur s'affiche sur chaque lentille et les passants évitent maintenant d'échanger leurs pensées. Ils évitent même de croiser leurs regards. Ils font de larges détours pour ne pas s'approcher des malades, ceux qui gesticulent ou ceux, dans un état plus avancé, qui se sont arrêtés et semblent attendre le monde nouveau.

Marcel est enfermé dans sa chambre, l'œil fixé sur ses souvenirs, dans cet effort sans fin d'analyser sa vie avec Albertine. Il remarque à peine les cris qui montent de la rue par la fenêtre.

Personne ne se souvient d'avoir été malade. Personne ne peut raconter l'expérience de cette maladie. Parce que ceux qu'elle touche demeurent, pour une période plus ou moins longue, sans communication avec le reste du monde, sans communication cérébrale du moins. Il leur faut réapprendre à parler, et cet apprentissage de la parole efface la mémoire de leur état antérieur, leur vie dans le régime de la communication cérébrale jusqu'à la maladie qui en a amené la fin.

À quoi ressemble un esprit qui commence à s'éveiller et doit tout réapprendre ? Comment cette seconde naissance se vit-elle ? Nous n'en saurons rien, ces instants se perdent dans l'esprit sans mémoire des malades. Que se passe-t-il dehors, dans les rues ? Que sera le monde d'après le BR ? Cela, nous pouvons sans peine l'imaginer.

Les humains se réveillent, reviennent à la pensée, une pensée vierge sans préjugé. Ils abandonnent donc ce système de l'exploitation où, sans raison, certains travaillent pour d'autres qui pourraient aussi travailler et cette idéologie qui nous obligeait, pour que nous acceptions de travailler pour d'autres, à nous voir comme des machines. C'est donc un tout autre système économique qui se met en place – rapidement, en quelques semaines, sans violence – où le travail est également distribué et la science s'appuie sur d'autres notions, puis la littérature se fonde sur un autre imaginaire.

Les humains sont donc enfin libres. Les passants se saluent dans les rues fraternellement. Il ne reste que Marcel, dans sa chambre, occupé à scruter ses souvenirs. Il a perdu de vue Albertine. Ce qu'il cherche dans ses souvenirs, dans le monde qui l'entoure, c'est lui-même, et il ne réussit pas à s'y retrouver.

Table

Le Seuil s'engage pour la protection de l'environnement

Ce livre a été imprimé chez un imprimeur labellisé Imprim'Vert, marque créée en partenariat avec l'Agence de l'Eau, l'ADEME (Agence de l'Environnement et de la Maîtrise de l'Énergie) et l'UNIC (Union Nationale de l'Imprimerie et de la Communication).

La marque Imprim'Vert apporte trois garanties essentielles :

- la suppression totale de l'utilisation de produits toxiques ;
- la sécurisation des stockages de produits et de déchets dangereux ;
- la collecte et le traitement des produits dangereux.

RÉALISATION : PAO ÉDITIONS DU SEUIL
IMPRESSION : CORLET IMPRIMEUR S.A. À CONDÉ-SUR-NOIREAU
DÉPÔT LÉGAL : MARS 2012. N° 105054 (143775)
Imprimé en France